高等农林院校教材

植物生理学实验教程

主　编　熊庆娥

副主编　叶　珍　杨世民

编　委　（按姓氏笔画为序）

文　涛　王西瑶　叶　珍

李方安　李晓铃　刘　帆

杨世民　倪　甦　熊庆娥

审　稿　王三根　胡延玉

四川出版集团·四川科学技术出版社

·成都·

图书在版编目(CIP)数据

植物生理学实验教程/熊庆娥主编. -成都:四川科学技术出版社,2003.8(2015.8重印)

ISBN 978-7-5364-5299-2

Ⅰ.①植… Ⅱ.①熊… Ⅲ.①植物学-实验-高等学校-教材 Ⅳ.①Q94-33

中国版本图书馆 CIP 数据核字(2003)第 061468 号

高等农林院校教材
植物生理学实验教程

出 品 人	钱丹凝
主　　编	熊庆娥
责任编辑	李蓉君
封面设计	韩建勇
版式设计	杨璐璐
责任校对	刘生碧　翁宜民　王初阳
责任出版	欧晓春
出版发行	四川科学技术出版社

成都市三洞桥路 12 号　邮政编码 610031

官方微博:http://e.weibo.com/sckjcbs

官方微信公众号:sckjcbs

传真:028-87734039

成品尺寸　　185mm×260mm

印张 9.75　字数 220 千

印　　刷　成都市火炬印务有限公司

版　　次　2003 年 8 月第一版

印　　次　2015 年 8 月第九次印刷

定　　价　23.00 元

ISBN 978-7-5364-5299-2

前　言

　　为适应高等院校面向 21 世纪教学改革的需要,加强对学生能力、素质和创新意识的培养,各高等院校采取了一系列措施加强实践性教学。在农林院校,"植物生理学实验"作为一门课程独立开设,就是加强实践性教学的措施之一。"植物生理学实验"课程独立开设,改变了植物生理学实验教学从属于理论教学的状况,也对实验教学在系统性、实用性、先进性方面提出了更高的要求,原有实验教材已不能适应新的教学需要。为此,四川农业大学植物生理课程组全体教师和实验技术人员,按照《植物生理学实验教学大纲》的要求,于 2000 年着手新教材编写,经一年多的辛勤工作,完成了本教材《植物生理学实验教程》的编写。经使用两年后,2003 年作者对新教材进行了认真修改,并于秋季出版。

　　新教材的系统和内容与旧教材相比,有很大改进。全书共分三部分内容:一、植物生理学基础实验技术概述(第一章);二、基本实验操作(第二章至第九章);三、综合性大实验(第十章)。第一部分内容体现了植物生理学实验课作为专业基础课的承上启下作用,对植物生理学研究中常用实验技术进行了梳理分类和系统介绍,旨在为学生和其他读者提供一个较完整的可供选择的实验技术指南。第二部分内容是植物生理学基本实验技术,供学生实践训练,力求兼顾实用性与先进性、现实性与前瞻性。第三部分内容综合性实验是对学生所学实验技能和基础理论的巩固与综合训练,通过这一部分的教学进一步提高学生的学习能力、动手能力和分析解决问题的能力,促进学生的创新思维的形成,提高学生对科学研究的兴趣。此外,书后有附录可供读者查用。本教材供农林院校本科学生使用和研究生选用,也可供从事植物生理学及相关学科教学科研的教师及研究人员参考。

　　在本教材编写过程中,得到了不少专家和同行的指导帮助,并参阅了国内许多同类教材。书稿完成后承西南农业大学王三根教授、四川省植物学界前辈胡延玉教授审阅并提出宝贵意见。在此,谨向所有给予我们指导帮助的同仁、所有参考书目的作(编)者致以诚挚的谢意!本教材的编写是一次改革的尝试,教材中疏漏、错误之处难免,望读者给予批评指正。

编　者

2003 年 5 月

目　录

第一章　植物生理学基础实验技术概述

第二章　细胞和水分生理

第三章　植物的矿质与氮素营养

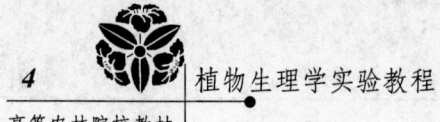
第十章　综合性大实验

附　　录

第一章 植物生理学基础实验技术概述

植物生理学基础实验技术内容极其广泛,是从事植物生理学及其相关学科研究的人都需要掌握并能正确使用的基本技术。这里仅对它们的基本原理和在植物生理学研究中的用途,分类进行概述。

第一节 植物生理实验材料的选择

一、植物生理实验材料选择的重要性和材料种类

植物生理实验材料的选择非常重要,不同的材料会得出不同的测定结果。不管用多么先进的仪器设备或测定技术,若不注重材料的代表性或取材不当,就会得出错误的结果或结论。植物生理实验材料非常地广泛,通常分为新鲜材料和干材料两类,在植物生理研究中,采用前者居多。决定采用什么形式的样品进行测定的基本原则取决于研究目的和测定项目的性质,若仅需要反映植物体内某物质的含量,采用干样进行测定居多,如测定作物籽粒的品质;若需要反映材料的生理状况或某物质对生理过程的影响等,则选择新鲜样品进行测定居多,如测定各种酶的活性。

二、植物生理实验材料的选择

植物生理实验或农业研究中,材料通常从植物的群体中抽取个体(植株),由于群体的均匀性有差异,材料选择是否具有代表性,决定实验研究的结果和结论。严格科学的取材方式应该是从大田或实验地等采取"原始样品",在从其中按样品种类选取"平均样品",最后才从"平均样品"中选出供分析用的"分析样品"。

1. 原始样品的采取方式

(1)随机取样法 在试验区(或大田)中先确定取样点,试验区越大,取样点应越多。然后在取样点采取一定数量的植株,或采取一定面积上的植株。

(2)"五点"取样法 在试验区(或大田中)的两对角线取五点(即四个角上取一点,对角线交叉的中心点取一点,共五点),然后在 5 个取样点上采取一定数量的植株,或采取一定面积上的植株。

2. 平均样品的采取方式

(1)混合取样法 颗粒状或粉末状的样品采用混合取样法,将材料铺在厚纸板上形成均匀的一层,按对角线划分为四等份,取对角的两份,其余淘汰,重复上述步骤,至样品需要的量为止。

(2)按比例取样法 对于生长不均等的材料,如果实、块根、块茎。应将原始样品分成不同类别,然后将每类别样品切取 1/4、1/8 或 1/16,最后混在一起。

3. 取样的基本原则

（1）取样点的选择不能靠近田边、地边、厢边，应距边缘一定的距离。

（2）注意取样的生理状况（生育期、成熟度、病否）和材料在植株上的空间分布。

（3）多汁的瓜果、蔬菜及幼嫩器官因含水较多，应在冰箱中冷藏，切取时用不锈钢刀子。

（4）平均样本的数量应不少于分析样品的两倍。取样后，要注意附上标签。

三、样品的前处理

样品前处理视实验目的和要求而定。分析用干样品，材料应先杀青、烘干（参见本章第二节）、磨成粉末过 80～100 目（孔径 0.2～0.15mm）筛子，保存时注意防虫、防潮和防霉变。新鲜样品用湿纱布擦拭干净，忌用水冲洗，除非擦拭不干净的才用水冲洗。作解剖用的材料要及时观察或用固定液固定。作生理活性物质（维生素、激素、酶等）测定用的材料应保存在 0～4℃的冰箱中。

参考文献

1. 李合生. 植物生理生化实验原理和技术. 北京：高等教育出版社，2000.1～4
2. 北京农业大学，西北农业大学等. 定量分析. 上海：上海科学技术出版社，1978.11～12

第二节　植物生理学中的常用仪器及化学分析技术

一、反应器的用途

常用的反应器主要有试管、点滴反应板、烧瓶、烧杯等，它们主要用于进行植物生理测试的各种反应。比如：定氮用烧瓶是特制的可耐高温的反应器，在测定植物含氮量时用来消化材料，点滴反应板常用于检验反应进程和室内外的快速测定，例如：可用于检验酶促反应进行到何种程度或对植物及土壤中某些矿质元素含量的快速比色测定等。

二、试剂的配制和保存

配制试剂时，首先应了解用于配制试剂的物质的性质，有时将多种化合物配制在一起时，特别应考虑它们的溶度积的大小以及是否产生不需要的反应，应先分别溶解，再在一较大烧杯中加入足够多的溶剂后，将其混合在一起，否则容易产生沉淀。

试剂瓶是保存试剂的主要容器，按其颜色分为无色透明玻璃瓶和棕色瓶，通常棕色瓶用于保存见光易分解的试剂。玻璃磨口瓶应忌盛强碱试剂，而橡胶塞的试剂瓶不能用于盛装强酸性试剂。通常用于生产试剂瓶的玻璃膨胀系数较大，骤冷骤热都容易破裂，所以不能对试剂瓶作加热或疾速降温处理。盛装试剂后，应贴上标签，在标签上写清楚试剂的种类、浓度、配制日期以及配制者姓名。

三、简单测量仪器的用途

测量物质重量的仪器主要是天平，在植物生理测试中，天平除用于称取药品配制试剂外，常用于准确称取待测样品的重量，分析植物各部分干物重的变化与同化物转化的关系。还可用于重量分析法测定植物光合速率、呼吸作用强度、叶片面积和植物器官或组织的生长速度等。使用时应按样品量及实验要求,选择不同精确度的天平。

测量植物组织和细胞大小的量具主要有卷尺、直尺、游标卡尺和显微测微尺等。直尺、卷尺常用于测量株高、器官长度以及叶片面积。游标卡尺常用于测茎粗,果实大小等。显微测微尺是更为精确的长度测量工具,它可以精确测定至微米(μm),它与显微镜配合使用,可测定细胞、细胞器和染色体的大小。对于植物组织或细胞的长、宽、周长以及面积的测定,可以将被测材料制片后,将显微镜与计算机联机,用软件 Motic Images Advanced 3.0 照相后进行测定。

计数器常用于显微观察中计数,如测量气孔数目、细胞数目、可育(或败育)花粉粒数目等。在原生质体培养中测定诱导率或检查原生质融合情况以及测定液体培养中单位体积的细胞或原生质体数目时,均常用计数器。

测量液体体积的器具可分为量入式和量出式两类。量入式测量的是量具中所盛装液体的体积。主要有不同规格的容量瓶,一般较大容量瓶(100～5000ml)用于配制试剂,较小的容量瓶(10～100ml)常用于对植物内含物提取液、稀释或反应液定量。刻度试管的精度不如容量瓶,可作精确度要求不很高的反应液体积测定或稀释。量出式测量的体积是指从该容器中倾出或放出的液体体积,主要有移液管、量筒、酸碱滴定管。移液管精确度高于量筒,移液管又分为 A 级和 B 级,A 级比 B 级精度高。尤其应注意:使用液移管时,其尖端残留的液体不能吹出,除非该移液管标有"吹"的字样。酸碱滴定管用于测定到达滴定终点时,所耗滴定液的体积。采用化学方法定量测定一些生理指标时,常使用酸碱滴定管,如小蓝子法测定呼吸强度、凯氏定氮法测定植物含 N 量、碘量法测过氧化氢酶活性等。此外,还有可取50 到 5000 微升的各种规格的取液器,其取液的体积一致性好,操作简便,但不是十分准确,常用于转移样品和不需太精确的测定中。

四、温度恒定设备的用途

温度恒定设备主要有水浴锅、干燥箱、温箱和生长箱,它们可以把温度恒定在所设置的水平。水浴锅常用于保证各种生理生化测试和生理过程进行所需要的温度,使测定结果免受环境温度的影响。干燥箱的温度可从几十摄氏度到300℃,一般干燥箱均有鼓风机和排气窗,以便于干燥样品。植物材料的干燥过程通常是在 105℃左右杀青 15～20min,然后 70～80℃烘干至恒重。还可以用它烘干刚清洗过的玻璃器皿或对器皿进行干热灭菌。温箱和生长箱,主要用于提供植物生长所需的温度以培养试验材料,也常用于组织培养。温箱只能提供温度保障,而生长箱具有光照、温度甚至于湿度和 CO_2 浓度的控制系统,能满足植物生长的需要。

五、物质分离设备的用途

常用的物质分离设备有漏斗、分液漏斗和离心机等。用漏斗过滤是最常用的分离固体与液体的方法,常用分析滤纸过滤,提取或纯化植物材料中的某些成分。分液漏斗则主要用于分离两种不相溶的液体,也可用于提纯某种只溶于水或只溶于酯相的物质。而离心机具有更广泛的用途,是植物生理实验室必备的仪器之一,通过调节转速(离心力)或离心的时间,达到不同的分离效果。离心机可分为:①普通离心机(4000～20 000r·min^{-1}),用于分离固体和液体混合物外。②高速离心机(25 000r·min^{-1}左右),这类离心机通常带有制冷

设备,以控制离心温度,其中的大容量连续流动离心机,可用于从培养物中收集酵母或细菌。低容量高速离心机用于收集微生物、细胞碎片、细胞、大的细胞器、蛋白沉淀物等。③超速离心机（$100\,000\,r\cdot min^{-1}$左右）,常用于分离离析的细胞、细胞器或细胞中的颗粒（叶绿体、原生质体、核蛋白体）,但每次分离的样本容量小,可用离心机中的光学系统连续地观测待测物质在离心场中的行为,推断其纯度、形状和相对分子量等。

六、酸度计和 pH 试纸的用途

在植物生理测试中和植物组织培养以及无土栽培等应用领域中,常需用酸度计或 pH 试纸测试反应系统的 pH,或监测植物（组织）生长环境中的 pH 值变化。pH 试纸测定结果没有 pH 计（酸度计）准确,若要准确测定 pH 值大小时,应选择 pH 计。

参考文献

1. 李合生. 植物生理生化实验原理和技术. 北京:高等教育出版社,2000. 11～103
2. 何少华,何其敏,鲁启敏等. 玻璃仪器的性能及应用. 北京:北京出版社,1983

第三节　植物显微技术

植物显微技术是超越人的视力范围研究植物微观世界的主要方法。应用各种技术手段和显微镜,可研究植物组织、细胞结构和某些物质在细胞中的含量和分布。在植物生理学研究中用于酶及生理活性物质的组织化学定位、气孔运动观察、细胞水势测定以及花粉生活力测定等。植物显微技术主要包含制片技术、植物组织化学技术和显微镜技术以及显微摄影技术四个方面的内容。

一、植物制片技术

植物制片的根本目的是将材料制成适合于显微镜观察的形式,并能显示出清晰正确的细胞或组织结构。根据其制作方法可分为:活体观察法、切片法、非切片法等三大类。应根据观察的目的、材料的性质决定采用何种制片方法。

二、植物组织化学技术

植物组织化学技术主要用于检测植物器官、组织或细胞中物质的微细含量和确定这些物质的分布。植物组织化学常应用被检物质的特征反应或特殊性质来进行制片观察。通常要求被检测的材料为活体,所以常用徒手切片、压片或冰冻切片等手段制取观测材料,一般不作永久封固保存,所以应做好照相记录准备,最好是采用彩色照相。如需暂时保留,也可用甘油明胶封片。

三、显微镜技术

显微镜技术是利用显微镜观察植物微观世界的常用技术,用于植物生理研究的显微镜大致为三类,即(1)普通型;指一般的光学显微镜,如生物显微镜、便携式显微镜、倒置式显微镜、解剖镜等,用于对植物非切片材料或解剖结构的一般观察。(2)特种型;是利用不同的光学原理设计而成的显微镜,主要用于某种特殊的观察和研究。如暗场、荧光、紫外、相差、偏光、干涉等显微镜,在组织化学中会经常用到。(3)高级型:指大型的多用途、附件齐全的高级显微镜,如万用研究用生物显微镜、电子显微镜等。

四、显微摄影技术

显微摄影技术是利用显微镜摄影装置,把显微镜目镜中的影象投射到感光底片上以记录视野中所观察到的物象,可以更加形象直观地记录被检材料的结构和特性,以作为科学研究的资料。它主要包括拍摄和洗印放大两项技术。

参考文献

余炳生.植物显微技术.北京农业大学自印教材,1983

第四节　生化分析技术的应用

植物生物化学分析技术是相当复杂的,它包含了很广泛的内容,这里仅介绍在植物生理学研究中应用较多的层析技术、光谱分析技术和电泳分析技术等。

一、层析技术

层析技术是一种常用的物理分离提纯物质的方法,也可以作为鉴别物质种类的一种手段。它主要是利用植物材料混合物中各组分的物理化学性质差别(如吸附力,分子形状和大小、分子极性、分子亲和力、分配系数),将各组分经两相反复分配后而分离开来,这里所说的两相,一是固定的,叫固定相;另一个相是流经固定相的,称为流动相。在植物生理学中,常用层析技术分离纯化物质,如叶绿体色素、维生素、氨基酸、可溶性糖、植物激素、植物凝集素等的分离纯化。层析技术的种类很多,其分类和用途如表1。

表1　层析技术的种类和用途

种　类	分离原理	在植物生理上的用途
氧化铝柱层析	吸附力	生物碱与固醇类
活性炭层析	吸附力	非极性物质
纸层析	分配系数	脂肪酸
液相层析	分配系数	植物激素、氨基酸
薄层层析	分配系数、吸附力	类胡萝卜素、VE类、脂肪酸、甘油
聚丙烯酰胺薄层层析	分配系数、氢键吸附力	氨基酸
离子交换层析	酸碱度、极性	核酸类及其衍生物
亲和层析	生物大分子亲和力	植物凝集素、蛋白质、核苷酸
气相层析	分配系数	脂肪酸、氨基酸、甾族化合物、糖类、植物激素、有机酸

二、光谱分析技术

光谱分析技术是植物生理的重要分析技术之一。通常用分光光度计测定出某种溶液在特征吸收波长下的光密度值或透光率,将其与标准溶液的光密度值相比较,即可确定出该溶液所含某种物质的浓度大小,如在280nm和260nm下测定蛋白质含量、在200~300nm下测定聚乙炔类化合物、在250~290nm下测定吲哚类化合物等。也可以通过变换波长(进行波长扫描),绘制出含某物质的溶液的光吸收图谱。由特征吸收光谱可以鉴别未知物质的种类和测知某物质的光谱性质。常见的光谱分析仪器主要有:可见光分光光度计、紫外—可见光分光光度计、红外光谱仪和荧光分光光度计等。应根据物质特征吸收峰的波长范围,选择使用不同的分光光度计。值得注意的是必须选择合适的比色杯(皿)盛装待测试液,使用可见光分光光度计应选择玻璃比色杯,而使用紫外和荧光光度计必须选择石英比色杯。

三、电泳分析技术

电泳是指带电粒子在电场中向与自身所带电荷相反的电极移动的现象。不同物质的分子由于所带电荷的性质和数量不同、分子量大小及形状不同,在一定的电场强度下移动的速度不同,以此可达到分离和鉴定物质的目的。电泳分析技术在植物生理生化研究中有着广泛的用途:

1. 利用电泳技术分离纯化生物大分子物质。

2. 进行植物同工酶电泳酶谱分析,鉴定植物亲缘关系,了解植物体内部代谢变化情况,也可用于种子纯度鉴定。

3. 通过未知物与已知分子量的标准物的电泳图谱比较,测定未知物的相对分子量。在凝胶中加入两性电解质,电泳时形成由阳极到阴极pH值逐步上升的梯度,可测定蛋白质的等电点。

4. 将电泳技术与薄层扫描技术结合,可以测知未知物的电泳扫描曲线,初步了解未知物的性质,通过对曲线的积分运算,还可以测知未知生物分子的含量。

5. 把核酸酶解和电泳相结合可以测定简单的核苷酸序列。

6. 电泳技术与限制性内切酶结合应用,通过DNA序列扩增、分子探针的运用和分子杂交,测定植物遗传的多样性和构建基因的物理图谱。

7. 与免疫技术相结合,鉴定植物及侵染植物的病原物的抗原与抗体,从而达到检测植物是否感病的目的。

参考文献

1. 李合生. 植物生理生化实验原理和技术. 北京:高等教育出版社,2000. 11~103
2. 上海植物生理学会. 植物生理学实验手册. 上海:上海科学技术出版社,1983
3. 张志良,吴光耀. 植物生物化学技术与方法. 北京:农业出版社,1986
4. 袁晓华,杨中汉. 植物生理生化实验. 北京:高等教育出版社,1983

第五节 溶液培养及基质培养技术

一、原 理

溶液培养和基质培养技术原为植物矿质营养研究的经典实验技术,现已发展成为不依赖于土壤培养植物的无土栽培技术。它们主要通过含有植物必需元素的生理平衡溶液为植物生长发育提供无机营养。溶液培养是指将植物直接种植在营养液中或悬置于营养液雾中培养;基质培养则是以惰性介质作为固定植物的基质,并通过滴加营养液为植物提供养分。常用的基质主要有石英砂、玻璃球、蛭石、珍珠岩等无机基质,现生产已开始采用有机基质。

二、溶液培养及基质栽培的形式及优缺点

用于研究领域的无土栽培技术,其装置常常很简单,可用花卉栽培所用的容器盛装溶液或基质进行植物栽培,而生产实践中的无土栽培设施相对较复杂,栽培方式也更多样化。

1. 无土栽培的类型

按照使用基质与否,无土栽培分为无基质栽培与基质栽培两大类,各类又包括多种方式。

(1)无基质栽培 { 溶液培养(水培):营养液膜技术(NFT):深液流技术(DFT) 浮板毛管水培法(FCH)等。 雾培法(气培法)

(2)基质栽培 { 无机基质栽培:岩棉、蛭石、珍珠岩、砂等基质 有机基质栽培:草炭、椰壳、锯末、谷壳、刨花等基质

2. 无土栽培的优缺点

(1)基质栽培 基质栽培的优点在于不必另加通气设备,不必经常补充铁盐;可提高植物对一些重金属盐的忍耐能力。缺点是根系不同部位的营养液浓度和 pH 值会呈现差异;根系生长环境中的营养成分不易控制;培养的基质难以净化;营养液更换麻烦,且易导致营养液的浪费。

(2)溶液培养 溶液培养技术的优点是养分的形态、种类、浓度、供给时间均可人工控制;根系周围的养分分布均匀。缺点是溶液中的空气不充足,需充气或定时更换营养液;营养液缓冲性小,pH 值易变化;传染病菌迅速。

三、营养液的种类

适宜的营养液成分是植物无土培养的关键。目前,适于不同作物的营养液配方很多,在此列举三种营养液。

1. 水稻营养液

水稻营养液是专门为水稻设计的,常用的有 Espino 营养液、木村营养液、春日井营养液和国际水稻所营养液。其中多选用国际水稻所营养液,其成分见表2。

表2 国际水稻所营养液配方

盐 类	用 量($mg \cdot L^{-1}$)
NH_4NO_3	91.40
$NaH_2PO_4 \cdot 2H_2O$	40.30
K_2SO_4	71.40
$CaCl_2$	88.60

续表 2

盐　　类	用　量$(mg \cdot L^{-1})$
$MgSO_4 \cdot 7H_2O$	324.00
$MnCl_2 \cdot 4H_2O$	1.50
$(NH_4)MO_7O_2 \cdot 4H_2O$	0.074
H_3BO_3	0.934
$ZnSO_4 \cdot 7H_2O$	0.035
$CuSO_4 \cdot 5H_2O$	0.031
$FeCl_3 \cdot 6H_2O$	7.70
柠檬酸水合物	11.90

2. 旱作营养液

适于培养旱作物的营养液有 knop 营养液、Hoagland 营养液、Arnon 微量元素营养液、Hewitt 营养液和普良尼什柯夫营养液,目前应用较广泛的是 Arnon—Hoagland 营养液,其配方见表 3。

表 3　Arnon—Hoagland 营养液配方

	盐　　类	用　量$(mg \cdot L^{-1})$
大量元素	$Ca(NO_3)_2 \cdot 4H_2O$	950
	KNO_3	610
	$MgSO_4 \cdot 7H_2O$	490
	$NH_4H_2PO_4$	120
微量元素	酒石酸铁	5.0
	H_3BO_3	0.60
	$MnCl_2 \cdot 4H_2O$	0.40
	$CuSO_4 \cdot 5H_2O$	0.05
	$ZnSO_4 \cdot 7H_2O$	0.05
	$H_2MoO_4 \cdot 4H_2O$	0.02

3. 不完全营养液

为了研究某种营养元素的生理作用常需使用不完全营养液(缺乏某种元素的营养液)。例如:采用 Hoagland 为基础的不完全营养液,配方如表 4,其中微量元素同表 3。

四、溶液培养和基质栽培的应用

无论在研究中还是在生产实践中,溶液培养和基质栽培都有十分广泛的用途。现概括如下:

1. 用于研究植物矿质元素的生理效应和根系对矿质元素的吸收,以及确定新的植物必需元素。

2. 为植物生理研究培养实验材料,提高组培苗的成活率。

表 4　Hoagland 不完全营养液($ml \cdot L^{-1}$)

母　　液	完全	缺氮	缺磷	缺钾	缺镁	缺硫	缺钙
$1mol \cdot L^{-1} KNO_3$	5	-	6	-	6	6	5
$1mol \cdot L^{-1} Ca(NO_3)_2$	5	-	4	5	4	4	-
$1mol \cdot L^{-1} MgSO_4$	2	2	2	2	-	-	2
$1mol \cdot L^{-1} KH_2PO_4$	1	-	-	-	1	1	1
$0.5mol \cdot L^{-1} K_2SO_4$	-	5	-	-	3	-	-
$0.1mol \cdot L^{-1} NaH_2PO_4$	-	20	-	20	-	-	-
$0.1mol \cdot L^{-1} CaCl_2$	-	12	-	-	-	-	-
$1mol \cdot L^{-1} Mg(NO_3)_2$	-	-	-	-	-	2	-

3. 用于提高农作物尤其是花卉、蔬菜的产量和品质,生产无公害蔬菜。

4. 用于窗台和屋顶,净化和美化环境。进行庭院经济植物的开发利用。

5. 无土栽培不受土壤及地力的限制,为开发利用沿海滩涂和沙漠提供了可能。

参考文献

1. 马太和. 无土栽培. 北京:北京出版社,1980. 11~126

2. 山东农学院,西北农学院. 植物生理学实验指导. 济南:山东科学技术出版社,1980. 191~195

第六节　植物组织培养技术

一、概　念

植物组织培养是生物技术中一个重要的组成部分,它是通过无菌操作,把植物的组织、器官或细胞接种于人工配制的培养基上,在人工控制的环境条件下进行离体培养的一套技术与方法。根据培养对象的类别,可以分为器官培养(包括茎尖或茎段、根尖或根段、叶或叶原基、花器原基或未成熟的花器以及未成熟果实的培养)、愈伤组织培养(从植物的各器官的外植体增殖而形成愈伤组织的培养)、胚胎培养、细胞培养和原生质体培养等。根据培养基物理状态,把加固化剂(如琼脂),培养基呈固体的称为固体培养;把不加固化剂而培养基呈液体的称为液体培养。

二、植物组织培养的理论基础

植物组织培养的理论基础是细胞的全能性,即植物的每个细胞中都包含着产生一个完整机体的全套基因,在适宜条件下具有分化成一棵完整植株的潜在能力。这意味着植物的组织、器官或细胞一旦脱离母体的束缚,成为离体状态时,在一定的营养,激素和环境条件下,通过脱分化培养(即已经分化的组织、器官、或细胞在人工培养条件下,细胞又恢复分裂能力,形成一团无特定结构和功能的细胞团的过程)和再分化培养(即由脱分化的细胞再度分化形成另一种或几种类型细胞的过程)就可能表现出细胞全能性。1958 年 Steward &

Reinert 用胡萝卜根髓细胞进行离体培养获得了完整植株,证实了植物细胞全能性的存在。

三、植物组织培养的优点

组织培养是器官、组织、细胞的离体培养,可以研究被培养部分在不受植物体其他部分影响下的生长和分化规律,并且可以运用各种培养条件调控它们的生长和分化,以解决理论上和生产上的问题。组织培养的特点是:取材少、培养材料经济;人为控制培养条件,可排除自然条件的影响;生长周期短,繁殖率高;管理方便,利于自动化控制。

四、植物组织培养的应用

植物组织培养技术不仅是植物科学理论研究的重要手段,而且也是现代农业生产中展现出良好发展前景的高新技术之一。植物组织培养的应用主要在以下几方面:

1. 植物的快速无性繁殖

嫁接、扦插等无性繁殖方式能保持原品种的优良特性,但繁殖率低。采用组织培养方法可在短期内进行大量无性繁殖。目前,国内外用此法来迅速繁殖各种经济价值高的植物,使植物种苗生产"工厂化"。

2. 植物病毒的脱除

植物受病毒侵染后,可以在无性繁殖植物体内代代相传,逐代累积,使植物品种退化,严重降低产量和品质。目前,对病毒尚没有药剂可有效地防治。已知在植物的茎尖分生组织中很少存在病毒,利用茎尖培养(一般切取 0.2~0.5mm 带 1~2 叶原基的茎尖)可从感染病毒的植株获得脱病毒的健康植株,再进行快速繁殖,建立原种基地,就能大规模生产无病毒种苗,这是目前克服植物病毒危害的一种有效途径。

3. 植物天然产物的工厂化生产

应用组织培养技术可不受地区、季节等条件限制。因而通过植物组织或细胞大规模培养,生产特定有价值的植物次生物质,具有良好发展前景。已报道的如药用植物中的有效成分(人参中的人参皂甙、喜树中的抗癌物质的喜树碱、红豆杉中的紫杉醇等);香料植物中的精油成分以及工业生产需要的次生物质(如生物碱、甾醇等)、"食品添加剂(花青素)等。

4. 开辟育种新途径

通过花药和未受精胚珠的培养可得到单倍体植株,对单倍体植株进行染色体加倍,可获得纯合的二倍体。单倍体培育与常规杂交育种相结合,可以大大缩短育种的世代和年限,也利于对突变体中隐性突变的分离。另外,用胚胎、子房或胚珠培养,可克服远缘杂交不亲和的障碍,获得远缘杂交种。

参考文献

1. 李浚明. 植物组织培养教程. 北京:中国农业大学出版社,1992
2. 曹孜义,刘国民. 实用植物组织培养技术教程. 兰州:甘肃科学技术出版社,1996
3. 潭文澄,戴策刚. 观赏植物组织培养技术. 北京:中国林业出版社,1991.8~12

第七节　植物细胞的分离技术

植物的代谢生长、分化、发育、繁殖、遗传、感应等生命现象都是由细胞这个基本单位来体现的。细胞的有序立体结构也为各种分子参加生命活动提供了特定的微环境,各种分子必须在细胞内构成一定的有序关系,互相协调配合才能表现出有意义的生命现象。人们要阐明细胞生命现象的机理,阐述细胞内各个部分的化学组成和新陈代谢的动态变化,对功能进行定位,就要在细胞和亚细胞水平上研究其结构和功能。而细胞和亚细胞组分的分级分离是其研究的重要手段之一。

一、植物细胞的分离

分离植物细胞常用的方法有两种,一是机械分离法,即用机械力破除细胞间的联接。二是酶法分离,即用果胶酶、离析酶等酶分解粘连细胞的中胶层。解离后细胞的纯化可根据细胞的大小、形态、密度、表面特性的差异等,分别采用沉降法、电泳法或亲和层析技术。沉降法是利用比重原理,在一定渗透压的溶液内低速离心,使细胞沉于管底或漂浮于溶液的表面。电泳法和亲和层析技术的原理参见本章第三节相关内容。值得注意的是,在细胞分离过程中,要维持恒定的渗透压、氢离子浓度、糖源、无机离子等,以保证离体细胞能短期存活,否则细胞将破裂而达不到分离目的。分离得到的细胞可用镜检、染色或测定光合放氧活性(绿色细胞)等方法来检测细胞的活力。

二、植物亚细胞组分的分离

细胞由细胞膜、细胞核和细胞质组成,细胞质中含有若干细胞器和细胞骨架等,这些称做亚细胞组分。植物组织经匀浆后,主要采用差速离心法或密度离心法分离亚细胞组分。

1. 差速离心法

基本原理是颗粒在均匀的悬浮介质中的沉降速度取决于离心场、颗粒的密度、半径以及悬浮介质的粘度。在一给定的离心场中,密度和大小不同的颗粒沉降速度不同,它们从介质顶部的弯月面沉降到离心管底部所需要的时间与沉降速度成反比。因此,在离心的同一时刻,密度和大小不同的球形颗粒将处于介质的不同高度位置。如果依次选用不同的离心场和不同的离心时间,即依次增加离心速度和离心时间,就能使非均一混合体中的颗粒按其大小、轻重分批沉降在离心管底部,分批收集,即可得到各亚细胞组分。悬浮介质通常采用蔗糖溶液,其中加少量 $Mg(AC)_2$、$CaCl_2$。这种方法适用于分离密度和大小有显著数量级差别的颗粒,用于细胞器的分离是成功的,也是最常用的方法。

2. 密度梯度离心法

基本原理是根据颗粒的密度,在连续密度梯度分离介质中,在强离心力作用下,颗粒到达与自身密度相同的分离介质界面,并能保持平衡。常用的介质有蔗糖、聚蔗糖、氯化铯、硫酸铯等。这种方法适用于精细的分部分离,但制备介质梯度比较费时。

参考文献
1. 张鸿卿,连慕蓝. 细胞生物学实验方法与技术. 北京:北京师范大学出版社,1992. 171~175,213~217
2. 杨安钢,毛积芳,药立波. 生物化学与分子生物学实验技术. 北京:高等教育出版社,2002. 143~144

第八节　气体分析技术

气体分析技术是植物生理研究中常用技术之一,用于气体分析的设备主要包括:红外线

CO_2分析仪、瓦布格呼吸计、氧电极和 pH 光合仪等。现将其原理、应用及优缺点分别概括如下：

一、红外线 CO_2 分析仪

不同气体对红外线的吸收不同。同种原子的气体分子如 N_2、H_2、O_2 等均不吸收红外线。只有异种原子组成的气体分子如 CO、CO_2、H_2O 等可以吸收红外线。红外线 CO_2 分析仪是根据 CO_2 可以吸收特定波段的红外辐射的基本特性而设计的，用来检测植物光合或呼吸所放出或吸收 CO_2 速率的仪器。当一定能量的红外线通过含有 CO_2 的气室时，其被吸收的红外线辐射能与 CO_2 气体的浓度呈线性关系。这种红外辐射能量的变化可被红外线 CO_2 分析仪的检测器所检定，并且放大为电讯号加以检测。同时，电讯号被转换成对应的 CO_2 浓度，因而从仪表上可直接读取 CO_2 的浓度（$\mu \cdot L^{-1}$）。利用该法测定光合或呼吸速率时，让空气经过光合室（或呼吸室）后进入分析仪，经红外线 CO_2 分析仪分析后的气体排到空气中。当一定流量的空气经过光合室（呼吸室）时室内植物材料的光合作用或呼吸作用而使 CO_2 浓度改变，利用红外线 CO_2 分析仪检测经过参比气室和光合室（或呼吸室）的气体，测出的结果反映了两室的 CO_2 浓度差，根据叶面积（或样品重量）即可计算光合速率或呼吸速率。

红外线 CO_2 分析法的优点是迅速准确，方法简便，整体连续和智能化。红外线 CO_2 分析仪的工作原理及仪器构造如图 1。

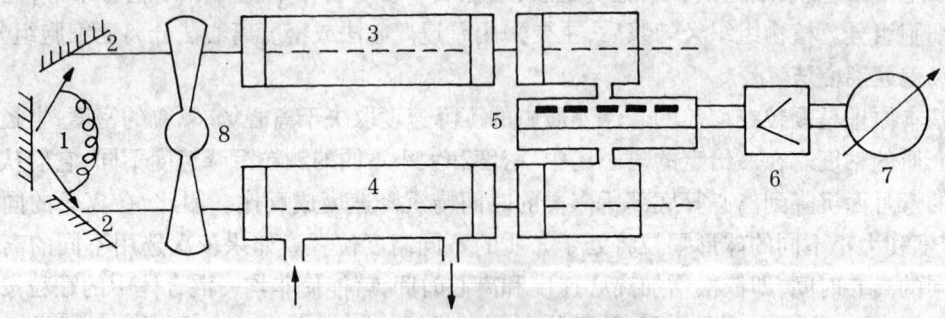

图 1　红外线气体分析仪结构示意图

1. 红外光源　　2. 反光镜　　3. 参比气室　　4. 样本气室（光合室）
5. 检测器　　6. 放大器　　7. 记录仪表　　8. 旋转切光片

（根据袁晓华、杨中汉图 1983，有修改）

国内外生产的红外线气体分析仪型号多种，功能多少各异。如 PP Systems 公司生产的 CIRAS–1 光合作用测定系统测定条件和测定过程智能控制，配备便于携带的叶室，可以在室外很方便地进行不离体的测定，可同时测定光合速率、光照强度、气孔阻力、气孔导度、气孔下腔浓度 CO_2、叶室中水蒸汽浓度等多项与光合作用有关的指标。

二、氧电极

氧电极是由嵌在绝缘棒上的铂和银构成，以 $0.5mol \cdot L^{-1}$ 的氯化钾作为电解质，覆盖一层 $15 \sim 25\mu$ 厚的聚乙烯薄膜，使溶氧能透过薄膜进入电极，而排除溶液中杂质的干扰。当外加 0.7V 左右的极化电压时，溶氧透过薄膜在阴极上还原，同时极间产生扩散电流。当温度恒定时，扩散电流的大小与溶氧浓度成正比。通常叶片需切成 $2cm^2$ 的小块，放入碳酸氢

钠缓冲液中,抽真空使缓冲液进入到叶肉内,叶组织放出的 O_2 溶于缓冲液中通过氧电极测定其含量。氧电极法主要用于分析光合放氧量,也可用于测定呼吸吸收氧的量。

三、瓦布格呼吸计

瓦氏呼吸计是德国植物生理学家 OttoWarburg 设计的,主要用来测定呼吸和发酵中的气体交换,所以称之为瓦氏呼吸仪。其基本原理是:在固定体积并保持一定温度的密闭系统中,气体数量上的变化(气体的产生和消失),可以引起该系统中气体压力的变化,通过连接在该系统上的压力计,就可以读出压力的变化,通过计算和转换,可求出系统内 O_2 或 CO_2 浓度的变化。在反应瓶中加入碱液吸收 CO_2 可以测出氧气的含量;如果不加碱,则可以测定出 CO_2 的含量。该方法主要用于测定呼吸强度和呼吸商。也可以测定光合作用引起的气体体积变化,而测定光合速率。

四、pH 值测定法

GH－Ⅲ型光合仪是一种测定 CO_2 含量的专用仪器。其工作原理是在一定的温度和压力条件下,空气中的 CO_2 与反应瓶中碳酸氢钠溶液的 HCO_3^- 的解离有动态平衡关系,空气中 CO_2 减少,溶液中 HCO_3^- 解离增多,导致溶液 pH 值升高。将反应瓶与光合叶室相连,则光合作用前后空气中 CO_2 浓度的变化即可引起反应瓶中 pH 值的变化。用高精度的 pH 值计测得溶液的 pH 值变化,就可以推算出光合作用前后的 CO_2 变化量,从而计算出光合速率。

五、光合速率与呼吸强度测定方法比较

气体分析法测定光合速率和呼吸强度与一般方法(改良半叶法、小篮子法、干燥器法等)相比较,具有如下特点:

1. 气体分析法比常规方法灵敏度高,精确度高。
2. 气体分析法的实验条件通常容易得到控制。
3. 仪器具自动记录仪,可进行连续测定。
4. 除了 CIRAS—1 光合测定系统,气体分析法一般是测定离体的组织或器官,主要用于光合、呼吸机理研究之中,不便于在田间气候生态条件下测定,不能客观地反映田间植物光合、呼吸生理状况。同时,与常规方法相比费用较高。

另外,上述气体分析法之间也各有其特点。一般说来红外线 CO_2 分析技术相对较先进,它既可测定光合速率也可测定呼吸强度,较其他方法用途更广泛。氧电极法存在对温度十分敏感,受叶片光照放氧滞后及反应瓶中气泡等因素影响,瓦氏呼吸仪的操作较繁琐,实验条件不易控制,被测植物样品大小和完整程度受到反应瓶大小的限制。

CH－Ⅲ型光合仪与气体分析法相比,则具有仪器设备较简单,易操作、携带方便,可应用于田间不离体测定。与常规方法相比,反应更灵敏、其测定结果精确度较高。但这一方法受环境因素温度、湿度、CO_2 浓度的影响大。

参考文献

1. 李合生. 植物生理生化实验原理和技术. 北京:高等教育出版社,2000. 61~70
2. 山东农业大学植物科学系译. CIRAS－1 光合测定系统操作指南. 2000

第九节　免疫化学技术

一、原　理

免疫化学技术是利用抗原与抗体可以特异结合,并具有极高的亲和性的原理检测被测物质(抗原)的方法。将被测物质设计和合成特定的抗原,注射到雄性动物体中,它会诱导动物产生抗体,从其血清中提取出抗体,并合成特定的抗原蛋白复合物,并对抗原进行标记,设计出特定的测定程序。未知抗原和抗原蛋白复合物共同竞争抗体,通过洗涤,除去未知抗原—抗体复合物,留下的抗原蛋白—抗体复合物,再与标记的抗原结合(可作放射性标记[RIA]、荧光素标记[FIA]、酶联免疫标记[ELISA]等),通过对标记的检测,测得结合的抗体多少,结合上的抗体越多,则待测抗原越少,由此测得未知抗原的多少。由于 RIA 存在污染,需要昂贵的仪器,FIA 现在还无法利用。ELISA(酶联免疫法)具有更加灵敏(检测限可达 $10^{-16} \sim 10^{-14}$ mol)、简便、不需昂贵仪器等优点。这里主要介绍 ELISA 的过程。

常规的高效液相色谱、气相色谱等对材料的前处理十分复杂,而 ELISA 只需对样品作适当的分离纯化以及所用样品量极少,ELISA 具有广泛的用途。可以测定植物样品中多种微量成分,如植物激素及生长调节剂、次生物质、农药残留、毒素、钙调素等。还能对相应的物质进行纯化处理和组织化学定位。

二、酶联免疫法的一般测定步骤

ELISA 的测定程序是:包被→洗板→阻断→竞争反应→洗板→加标记物反应→洗板→加入底物,显色。用酶标仪测定 OD 值。

参考文献

1. 李合生. 植物生理生化实验原理和技术. 北京:高等教育出版社,2000. 100~104

2. E. W. Weiler,J. Eberle ed. Immunology in plant science et. al. Trever L. Wang. Cambridge:Carbridge University Press. 1985,27~58

第十节　同位素技术的应用

一、基本原理

在植物生理学中被广泛应用的放射性同位素技术,包括同位素示踪技术和放射自显影技术。

同位素示踪技术是将研究的对象用放射性同位素或标记化合物作标记后,引入所研究的整体、细胞或分子中,监测标记物的去向、分布、数量,从而了解被标记物动态转化规律的实验技术。其原理是:同一元素的各个同位素具有相同的原子序数,在周期表中排在同一位置,核外具有相同的电子个数及排列方式,也就具有相同的化学性质,因此在生物体内的吸收、分布、转运代谢方式完全相同,生物体无法将其加以区分。另一方面,放射性同位素具有放射性,人们可以借助射线探测仪器追踪其途径,进一步获得研究所需的定性、定量或者精确定位的结果。也就是说,相同的化学性质和不同的核物理性质是放射性同位素示踪技术的基础。放射自显影技术的原理与照相术类似,它是利用放射性同位素的电离辐射能使照相乳胶感光的作用,显示标本或样品中的放射性分布,从而对放射性同位素进行定位和定量测量的技术。由于电离辐射能够引起照相乳胶上的银盐致敏,这种致敏的银盐当被还原成金属银粒时,就在射线与乳胶作用过的地方呈现出黑色,从感光的部位和黑度就可以判断出示踪放射性原子在标本中的准确位置和数量。

二、放射自显影与示踪技术的优点

放射自显影技术具有定位精确,灵敏度高,操作简便等优点,而且还可用于定量和双标记示踪实验,目前该技术已广泛应用于生物科学的研究。

同位素示踪技术具有以下优点:

1. 灵敏度极高

常规精确的化学分析能够测量 10^{-6} g 左右的物质,而放射性物质可以被测定到 10^{-12} ~ 10^{-15} g。

2. 合乎正常生理条件

由于用放射性同位素标记物作示踪剂所需的量很少,可以不改变生物体系物质原来的动态平衡,测试结果的表述更接近真实的正常生理情况。

3. 可分辨性

即制成的标记物必需既有与示踪的对象相同的生物学行为,又具备某些特征易与被示踪的对象相区别。如把 ^{32}P 标记的磷肥施于植物,人们可区别植物体内的磷哪些来自肥料和哪些来自土壤。

4. 操作简便

用一般理化方法定量需要复杂的分离提纯手段,不仅误差大,有时因含量低或缺乏有效方法而根本不能测定。示踪法则因观察对象带有"标记",只需测定其所带"标记"便可识别和定量,因而分离提纯方法可简化,分析误差可减小。

三、示踪实验的设计

示踪实验的设计要尽量发挥其优点,避免或限制其不利的方面。因此,在选择示踪剂时要考虑合适的半衰期和放射性同位素辐射类型和能量,常用的是 β 和 γ 放射性。对标记化合物的要求是,特别注意示踪原子在标记化合物中的位置及其稳定性,以及足够高的放射性比活度(即单位质量的样品所具有的放射性活度)。最后还要考虑安全卫生问题,即辐射的防护问题和废物处理。

四、在植物生理学中的应用

放射性同位素示踪技术被广泛应用于研究植物矿质营养、光合作用、有机物合成与运输分配、植物激素等方面。其主要应用之一是研究代谢途径。加入具放射性标记的底物,在不同的时间间隔取样,通过确认标记的化合物组分,并绘出它们的行踪,可以得知这种底物的代谢途径。例如:光合作用碳同化途径的发现,就是卡尔文(Calvin)和他的同事,应用放射同位素^{14}C 示踪技术与层析技术的结果。主要应用之二是物质转运研究。放射性同位素常用来跟踪有机体内分子、离子的运动,从而确定其吸收和转移的速率。矿质和有机物在植物体内的运输途径和运输速率,也是应用示踪技术发现的。

参考文献

1. 张启元,李素文,张鸿卿. 现代生物学实验技术. 北京:北京师范大学出版社,1992.191~196,211~215

2. 任时仁. 生物学中的放射性核技术. 北京:北京大学出版社,1997.23~25,170~175,200~202

3. 李素文. 细胞生物学实验指导. 北京:高等教育出版社,施普林格出版社,2001.40~42,48

第十一节 其他测试技术

一、电导仪

研究植物细胞膜透性变化和无土栽培中培养液离子浓度变化动态的常用方法之一是测定组织浸出液或培养液中电解质含量变化。电解质含量的变化引起的溶液电导率的变化,用电导仪即可测定出电导率的大小。其原理是:小分子或生物大分子的电解质水溶液均可导电,并服从欧姆定律,即在溶液中两电极外加电压(V)、电流强度(A)与两极内的电阻(R)的关系为:

$$R = \frac{V}{A}$$

若溶液的电阻大,导电能力就小。因此,把溶液电阻的倒数定为溶液的电导(S)。

$$S = \frac{1}{R} = \frac{A}{V}$$

对电解质溶液而言,取面积为 $1cm^2$ 的两片电极,相距 $1cm$,中间的 $1cm^3$ 溶液所表现出来的电导称该溶液的电导率,其单位为 $S \cdot cm^{-1}$(西门子每厘米)。

关于电导仪的使用,请参见实验46。

植物在逆境条件下,细胞膜受伤害,引起细胞内的电解质及其他物质外渗,电解质的外渗可用电导仪测定;有机物中糖的渗出,可用蒽酮比色法测定;氨基酸外渗则可用茚三酮比色法测定。这些物质的测定均可反映膜透性的变化。这几种方法中,电导仪法较简便易行,反应灵敏,并且不需要试剂药品,测定速度快,几分钟便可完成。

二、蒸腾速率的测定

植物的蒸腾作用的强弱,可以反映出植物体内水分代谢的状况。蒸腾速率(强度)能较准确地反映出植物对水分利用的状况和外界对植物水分消耗的影响。蒸腾速率的测定主要有以下几种方法:

1. 快速称重法

测定整体叶片因蒸腾失水而减轻的重量。采用一定时间间隔的快速称重法,可准确称出叶片重量变化,然后计算出叶片的蒸腾速率。这种方法适合大田作物、林木、果树等植物的测定。但因计时和称重时人为因素影响较大,对数据的准确性有一定影响。

2. 钴纸法

根据一定面积干燥氯化钴纸吸收叶片蒸腾水分后由蓝色变为粉红色所需时间的长短及钴纸标准吸水量,可计算出植物的蒸腾速度。这种方法主要适用于田间作物蒸腾强度测定,操作较简便。但不同植物的气孔在叶片上下表皮分布状况不同,因此测定叶片部位不同,数据结果就会有差异。另外,判断钴纸颜色变化是凭肉眼,计时上易产生人为误差。

3. ZHT 型蒸腾仪法

ZHT 型蒸腾强度测定仪是测定植物蒸腾强度的专用仪器,其工作原理是根据一定表面的植物样品,因蒸腾失去水分而导致密闭容器中的相对湿度增加,然后按湿度增加到某一预定值所需时间的长短,计算植物的蒸腾速率。

ZHT 型蒸腾仪具有体积小、重量轻、便于携带、操作方便、性能稳定、反应灵敏、准确可靠等优点,这种方法适合于田间作物、林木、果树等植物蒸腾强度的测定。

4. 红外线分析仪测定法

其原理是 H_2O 可以吸收红外辐射能,两种空气中水浓度的差值反映出红外辐射能的变化,因此用红外线分析仪(IRGA)就可以测定出水蒸汽浓度的差值。(参见第八节红外线 CO_2 分析仪)

三、植物水势的测定

测定植物水势是为了了解植物体内水分状况及其与环境关系。测定水势的方法主要有下列几种:

1. **小液流法**　利用植物组织与外界溶液间的水势差决定二者水分交换移动方向的原理,测定组织水势的简单快速方法详见实验2(Ⅰ)小液流法。

2. **质壁分离法**　这是测定植物组织渗透势的方法。其原理是当植物组织细胞内的汁液与其周围的某种溶液处于渗透平衡状态,且此时植物细胞内的压力势为零时(即植物细胞处于初始质壁分离状态),那么细胞汁液的渗透势就等于该溶液的渗透势。

3. **折光仪法**　折光仪是测定物质折光率的仪器。折光率的大小与溶液的温度和浓度有关,当温度一定时溶液浓度与折光率成正相关。用折光仪测定浸泡植物组织前后一系列浓度的外液的折光率,以确定浸泡前后折光率不变的溶液,该溶液的渗透势即为植物组织的渗透势。这种方法是根据外液的浓度变化来测定植物样品的水势,适用于对叶片或碎的组织进行测定。

4. **压力室法**　测定植物叶片水势常用方法之一。其原理是叶片因蒸腾作用使木质部的液流常处于负压,当从植株上剪下叶片时,叶柄木质部内的汁液因外界大气压大于木质部内负压而使汁液不能溢出切口。测定时把叶片(或枝条)放入压力室,叶柄切口露在外面,通过高压瓶给压力室施压,当叶柄木质部内的汁液逐渐被压到切口处时,所加的压力值约等于切取叶片前木质部的负压值,即为叶片水势的估计值。压力室法测定叶片水势,要求试材是带叶片的小枝或具有木质叶柄的叶片,因此该法更适用于测定林木、果树植物的叶片水势,其操作方法简单,但数据结果不够精确。

5. **热电偶湿度计法**　热电偶计是一种高灵敏度的温度传感器。在装有植物样品的密闭小室中,插入热电偶计并在热电偶环上滴加一滴某一浓度的溶液。开始时,水分同时从样品和液滴蒸发,使小室湿度增加,直至接近饱和。此时,当样品的水势与液滴的水势不相同时,则会发生水分的净移动,液滴的温度会略有上升或略有下降。这种微弱的温度变化可通过热电偶计转变为电压变化。如果样品的水势与某一浓度液滴的水势相同,则在样品与液滴之间没有水分的净移动,液滴的温度不改变,输出的电压为零,这时样品的水势就等于该浓度液滴的水势。这种方法是根据液滴的温度变化来测定植物样品的水势,也可测定渗透势。适用于对离体的叶片、组织进行测定。此法比小叶流法和压力室法准确,并能自动记录测定结果,还能对土壤及其他样品进行测定。

参考文献

1. 电导仪使用说明书
2. 王忠. 植物生理学. 北京:中国农业出版社,2000. 57~58,71~72
3. 白宝璋,汤学军. 植物生理学测试技术. 北京:中国科学技术出版社,1993. 8~14

第二章　　细胞和水分生理

实验1　植物组织中自由水和束缚水含量的测定

目的意义　植物组织中的水分以自由水和束缚水两种不同的状态存在,自由水和束缚水含量的高低与植物的代谢和抗性密切相关。自由水参与植物体内的各种代谢过程,其含量多少直接影响植物的代谢强度。束缚水不参与代谢活动,随其含量增加植物抗逆性增强。因此,自由水与束缚水的相对含量可以作为衡量植物代谢活动及抗性强弱的生理指标之一。

一、实验原理

自由水未被细胞原生质胶体颗粒吸附而可以自由移动,蒸发和结冰,也可以作为溶剂;束缚水则被细胞原生质胶体颗粒吸附而不易移动,因而不易被夺取,也不能作为溶剂。所以根据这一特点和水分依据水势差流动的原理,将植物组织浸入水势较低的溶液中,经过一定时间后,组织内的自由水可全部扩散到外界溶液中,组织中便留下束缚水,自由水扩散到外界溶液中导致外界溶液的浓度降低,根据外界溶液的浓度变化可测定自由水的量。同时,用烘干法测定出组织总含水量,即可计算出束缚水含量。

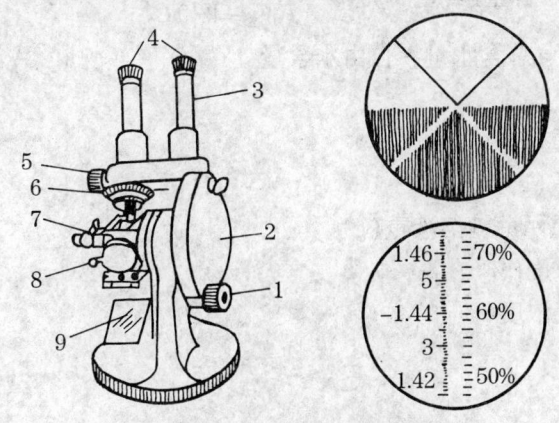

图2　2W型阿贝折射仪构造

1.棱镜转动手轮　　2.圆盘组(内有刻度数)　　3.读数镜筒　　4.目镜　　5.色散棱镜手轮
6.色散刻度圈　　7.折射棱镜组　　8.恒温器接头　　9.反光镜

(引自白宝璋,汤学军.1993)

二、材料、设备及试剂

1.材料　新鲜植物的任何部分。

2.设备　阿贝折射仪、分析天平(感量0.1mg)、称量瓶、烘箱、打孔器(面积0.5cm³)、干燥器、剪刀、量筒、瓷盘、烧杯。

3. **试剂** 60%蔗糖溶液(W/V)。

三、操作方法

1. 取称量瓶 2 个,分别准确称重(W_1)。

2. 在田间选定生长一致的待测植株 7 株,在每株上选择叶位、生长、叶龄等一致的有代表性叶片数片。

3. 用打孔器在叶片的半片打下小圆片,每株 7 片,共 49 片,放入一称量瓶中,盖紧。从另半片叶片上用相同方法取 49 个圆片,立即放入另一称量瓶中,盖紧,以免水分损失。并分别准确称量(W_2)。

4. 将一瓶放于 100～105℃烘箱中 15min 杀死植细胞,再在 80～90℃烘干至恒重,准确称重(W_3)。

5. 于另一瓶中加入 60%蔗糖溶液 5ml 后,再准确称重(W_4)。然后将瓶放置于暗处 4～6h,其间不时轻轻摇动溶液。

6. 用阿贝折射仪准确测定糖液的原浓度(C_1)及浸泡叶片后糖液的浓度(C_2)。

四、实验结果

根据以上测定结果,按下列公式分别计算材料总含水量,自由水和束缚水含量。

$$植物组织总含水量(鲜重\%) = \frac{W_2 - W_3}{W_2 - W_1} \times 100\%$$

$$植物组织中自由水含量(鲜重\%) = \frac{(W_4 - W_2)(C_1 - C_2)}{(W_2 - W_1)C_2} \times 100\%$$

束缚水含量(%) = 总含水量 - 自由水含量

W_1:称量瓶重(g)

W_2:瓶重 + 鲜样重(g)

W_3:瓶重 + 干样重(g)

W_4:瓶重 + 鲜样重 + 蔗糖溶液重(g)

C_1:蔗糖液原液浓度(%)

C_2:浸泡后蔗糖液浓度(%)

思 考 题

1. 采样季节对植物组织自由水、束缚水的测定结果有何影响? 为什么?

2. 你知道自由水含量计算公式是如何推导出来的吗?

参考文献

1. 李合生. 植物生理生化实验原理和技术. 北京:高等教育出版社,2000. 105～109

2. 涂大正. 植物生理学. 吉林:东北师范大学出版社,1989. 358～359

实验2　植物组织水势的测定

Ⅰ.小液流法

目的意义　在作物的一生中,始终存在着水分供应盈亏之间的矛盾。因此,在农业生产上要随时注意作物当时的水分状况,以调节对作物的水分供应,使作物正常生长,获得稳产高产。而在作物水分状况的表现指标中,生理指标的变化先于形态指标的出现。形态指标的表现是滞后的,当植物出现了缺水的形态指标时,植物已经受到伤害。因此,作物水分状况的生理指标的测定具有重要意义。作物水分状况的生理指标,主要包括细胞的水势,细胞的渗透势和植物组织的汁液浓度等。在本实验中,要求掌握和了解测定植物组织水势的多种方法。

一、实验原理

水势即系统中水分的化学势。植物体内细胞之间和植物与外界环境之间的水分移动方向都由水势差来决定。当植物细胞或组织放在外界溶液中时,则可能出现以下水分交换的情况。

表5　小液流法原理表解

水势大小	水分移动方向	外液浓度	外液比重
$\Psi_{组织} > \Psi_{外}$	组织 → 外液	降低	减小
$\Psi_{组织} < \Psi_{外}$	组织 ← 外液	增高	增大
$\Psi_{组织} = \Psi_{外}$	组织 ← →外液 （动态平衡）	不变	不变

用梯度浓度的外界溶液浸泡待测植物组织,取一小滴浸提液放回原相同浓度的溶液中,根据小液流的升、降情况就可找到与组织发生渗透平衡的溶液浓度（$\Psi_{组织} = \Psi_{外液}$）。

根据溶液浓度可计算出溶液的水势,即知植物组织的水势。

二、材料、设备及试剂

1. **材料**　植物叶片或马铃薯块茎薄片。

2. **设备**　试管架、试管(带塞)、有盖小药瓶(容积不大于5ml)、毛细吸管(带橡皮头,最好是弯头)、小镊子、移液管、温度计、手持打孔器(或由单面刀片)、解剖针、叶模等。

3. **试剂**　$1 \text{ mol} \cdot \text{L}^{-1}$标准浓度蔗糖溶液、甲烯蓝(亚甲基蓝)。

三、操作方法

1. **标准梯度浓度蔗糖溶液配制**　取洗净烘干的有塞试管6只,分别编号,按顺序配置0.1、0.2、0.3、0.4、0.5、0.6($\text{mol} \cdot \text{L}^{-1}$)的蔗糖溶液各10ml。从各试管中转移2ml溶液到相应编号的有盖小药瓶中。

2. 材料处理 用打孔器或叶模在样品叶片上取下 60 个小圆片,混匀,分别投入 6 只盛糖液的小瓶中,每瓶 10 片,盖上盖。放置 45min,其间每隔数分钟轻轻摇动一次。然后用解剖针各取甲烯蓝粉末少许投入小瓶中,摇匀。甲烯蓝的用量以能将液体染成浅蓝色为度,切不可过量。

3. 测定 用洗净烘干的弯头毛细吸管吸取有色糖液少许,轻轻插入相同编号的试管的溶液中部,轻轻挤出有色糖液一小滴,再轻轻抽出毛细管,注意不要搅动溶液,观察蓝色液滴的移动方向并做好记录。注意毛细管不能乱用,一支毛细管只能用于一个浓度。若必须重复使用时,应从低浓度到高浓度依次吸取,并先用下一种溶液润洗后,方可吸取该溶液。否则必须吸水多次冲洗,然后在酒精灯上烘干,冷却后才能再用。

4. 找出组织的等渗溶液(即液滴不动的溶液)的浓度。如果没有观察到液滴不动的溶液,则可以在相邻的两个液滴移动相反的溶液之间,求一个平均浓度作为等渗溶液的浓度。

四、实验结果

计算公式:

$$\Psi w = -iRCT$$

Ψw:植物组织水势(Pa)

R:气体常数　$R = 0.083 \times 10^5 (Pa \cdot mol^{-1} \cdot L^{-1} \cdot K^{-1})$

T:绝对温度(K),$K = ℃ + 273.15$

i:解离系数,蔗糖为 1

C:等渗溶液浓度$(mol \cdot L^{-1})$

思 考 题

1. 投入的甲烯蓝的量应该如何把握,为什么?

2. 用小液流法测定的是植物组织的水势而不是渗透势,为什么? 你能否提出一个测定植物细胞渗透势的方法? 其原理是什么?

参考文献

涂大正. 植物生理学. 长春:东北师范大学出版社,1989.365

Ⅱ. 压力室法

目的意义 掌握用压力室法快速测定植物器官水势的方法,并理解其原理。

一、实验原理

压力室法是一种快速测定枝条或完整叶片水势的方法。植物叶片蒸腾作用产生的水势差 $\psi_{叶} < \psi_{茎} < \psi_{根}$,引起水分在导管中自下而上的运动。当枝条被切断时,导管中原来连续的水柱被切断,枝条上部叶片中低水势引起导管中水柱向上回缩,产生一负压。叶片水势越低,水柱回缩程度越大。若在密闭器中向切下的枝条施加压力,可阻止导管中水柱回缩而逐渐回到切口处。当加压至导管中的水刚好回到切口处时,所加压力值等于水势值(符号相反)。

二、材料、设备及试剂

1. **材料**　木本植物带叶片的小枝或带叶柄的单张较大的叶片、小苗的地上部分。
2. **设备**　压力室。

三、操作方法

1. **取样**　选取供测定的样品,例如:一段带叶的小枝。迅速摘下装入塑料薄膜袋中,放入暗箱防止水分散失,然后进行装测。一些叶片如果过于长、大,只能选择比较合适的部位,例如:玉米就选择贴近主脉二侧的叶子的下端部分。

2. **装样**　尽快将样品装入压力室的钢筒中,防止植物材料失去水分。小枝或叶柄的切口处向外,叶片向内装样。切口端应该从钢筒中部纵向切开的软橡胶塞中间或特制的硅橡胶密封圈中心处伸露出 5mm 左右。固定样品时要避免损伤。

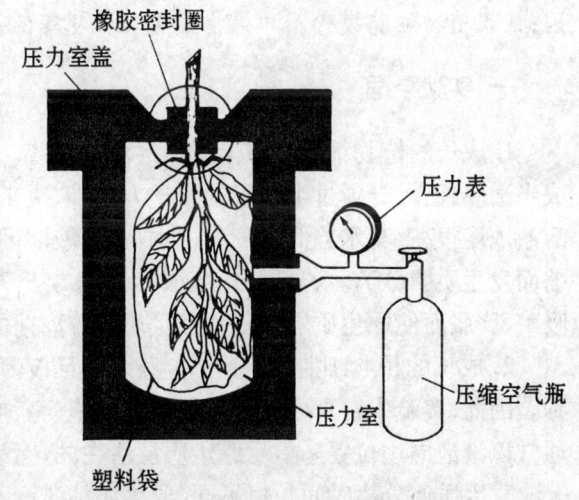

图3　压力室装置

（引自王忠.2000）

在钢筒底部,要加少量水分使筒内空气潮湿,但应附加防护(如将材料套在塑料薄膜中),防止水滴溅到样品上。样品固定后,先将外侧的螺丝压制环套拧紧,再拧紧固定材料的橡胶塞或密封圈的螺丝,之后就可以开始加压。

3. **加压**　通过主控制阀对压力室加压,加压的速度约 $0.1MPa \cdot s^{-1}$（松柏类植物的加压速度应慢一些）。

4. **水势的测定**　当加压到液体恰好在枝条或叶柄的切面出现的一刹那,表明所施加的压力正好抵偿了完整导管中的原始负压,记录这个压力(被称为平衡压),即被测植物的水势。

四、实验结果

比较不同植物或一种植物不同部位的水势。

思　考　题

1. 加压的速度应该控制得比较慢,约 $0.1MPa \cdot s^{-1}$。为什么加压力的速度不能太快?
2. 比较前面的几种测定水势的方法,分析压力室法测定植物组织水势的优点在什么地方?

参考文献

1. 上海植物生理学会. 植物生理学实验手册. 上海:上海科学技术出版社.1985.57
2. 王忠. 植物生理学. 北京:中国农业出版社,1999.57

实验3 植物细胞的质壁分离与复原

目的意义 观察植物细胞发生质壁分离的动态过程,理解不同形式质壁分离产生的原因;认识植物细胞模式图和植物细胞实际观察的差异。

一、实验原理

1. 成长的植物细胞是一个近似的渗透系统。由细胞膜、液泡膜和其间的细胞质共同构成半透膜,而水分通过半透膜的渗透方向,取决于液泡内溶液和外界溶液的水势差。当外界溶液浓度很高,其水势低于液泡中水势时,液泡因水分外渗而收缩,原生质层随液泡一起收缩而发生质壁分离。若降低外液浓度,则水势升高。当外液水势高于液泡水势时,液泡重新吸水、膨胀而使原生质层回复到发生质壁分离前的状态,称为质壁分离复原。

2. 成长的植物细胞,原生质本身无色且极薄,若不经处理在光学显微镜下不易被观察到。因此,实验中常采用有颜色的植物细胞(液泡含色素),或对液泡染色处理后进行观察。通常以液泡周边位置来指示原生质层所在的位置。

3. 因质壁分离时间长短不同,原生质粘滞度不同,质壁分离表现出不同形态,如凹形、凸形、痉挛形、帽形等。Ca^{2+}能降低原生质水合度,使原生质粘性增大,不易脱离细胞壁。故Ca^{2+}处理后,细胞发生凹形质壁分离。而当K^+引起的质壁分离时间较长时,K^+进入原生质层,会使原生质水合度增加,导致水势降低而吸水膨胀,增加了原生质层的厚度。膨胀的原生质层常紧贴液泡两端(或周围),形似帽状,故又称为帽状质壁分离。

二、材料、设备及试剂

1. **材料** 洋葱鳞茎、大葱假茎基部幼嫩部位,蚕豆茎叶、小麦叶片、紫鸭跖草等。
2. **设备** 显微镜、培养皿、载玻片、盖玻片、酒精灯、尖头镊子、刀片、吸水纸等。
3. **试剂** $1mol \cdot L^{-1}KNO_3$,$1mol \cdot L^{-1}CaCl_2$,$4mol \cdot L^{-1}$(24%)的尿素、0.03%中性红。

三、操作方法

1. **制片及液泡染色** 用镊子撕取洋葱磷片外表皮(小麦叶片下表皮、蚕豆茎或叶片下表皮、紫鸭跖草上下表皮)。若材料无色素,立即放入中性红溶液10~15min,取出放自来水中浸泡10~15min。

将撕下的材料放在载玻片上,制成临时水装片。在低倍镜下观察,分清细胞壁、液泡和原生质层。

2. **凸形和帽状质壁分离及其复原** 从盖玻片的一边滴一滴$1mol \cdot L^{-1}$ KNO_3液,在对边用滤纸吸水,将KNO_3引向盖玻片下的材料。同时,观察细胞很快发生凸形质壁分离(角隅处先脱离,尔后完全脱离)。20~30min后,可见帽状质壁分离。

然后,在盖玻片一侧滴加清水,另一侧用滤纸条吸去原有的KNO_3溶液。可见到液泡逐渐膨大,原生质层重新与细胞壁完全接触,此即为质壁分离复原。

3. **凹形与痉挛形质壁分离** 另作一临时装片,改用$1mol \cdot L^{-1}CaCl_2$处理(方法同上)。可观察到凹形质壁分离。即某一边的质膜先脱离细胞壁,而其他部分仍与细胞壁紧贴,分离处因为液泡进一步失水而向内收缩成弧形,出现凹形质壁分离,或严重扭曲形成痉挛形质壁分离。

4. 不同细胞对尿素的透性   将蚕豆叶片下表面置于载玻片上,滴加 4 $mol \cdot L^{-1}$ 的尿素溶液一滴,盖上盖玻片,立即镜检,可观察到表皮细胞和保卫细胞同时发生质壁分离。约 10 ~15min 后,保卫细胞开始发生质壁分离复原。由于保卫细胞的充分紧张,气孔大开,而其他表皮细胞经长时间(甚至几小时)后才开始发生复原。由此可见不同功能的细胞对物质有不同的透性。

5. 死细胞透性变化   另作临时装片,先在酒精灯上加热杀死细胞,再引入 1 $mol \cdot L^{-1}$ KNO_3 溶液,镜检观察有无质壁分离发生,并解释所观察到的现象。

四、实验结果

绘出不同形式质壁分离(凸形、凹形、帽状)图。

思 考 题

1. 植物细胞质壁分离作为一项实验技术,有何应用价值?
2. 植物细胞是如何与其外界环境构成一个渗透系统的?请画出示意图。

参考文献

涂大正. 植物生理学. 长春:东北师范大学出版社,1989. 364

实验 4   钾离子对气孔开度的影响

目的意义   学习观察气孔运动的方法,理解钾离子在调节气孔运动中的作用。

一、实验原理

离子泵学说认为,保卫细胞的渗透系统由 K^+ 直接调节。在光下,保卫细胞光合作用形成的 ATP 启动质膜上 K^+—H^+ 泵作功,K^+ 进入保卫细胞,引起水势降低而吸水,于是气孔开放。

二、材料、设备及试剂

1. **材料**   蚕豆叶片。
2. **设备**   显微镜、显微测微尺、温箱、镊子、培养皿、盖玻片、载玻片。
3. **试剂**   0.5%硝酸钾、0.5%硝酸钠、无离子水。

三、操作方法

1. **样品处理**   取洁净培养皿 3 只,分别加入 0.5% 的 KNO_3、0.5% $NaNO_3$ 和无离子水各 15ml。取蚕豆叶片表皮若干,分别浸入 3 种溶液中。将培养皿放入 25℃恒温箱中,使溶液温度达到 25℃。再将培养皿置于人工光照下照光 0.5h。

2. **观察**   将处理后的材料分别制成临时水装片,在显微镜下观察三种处理中材料的气孔开度,用测微尺测量气孔开张长度,比较 3 种处理对气孔开张度的影响。

四、实验结果

绘制 3 种处理下气孔形态示意图。记录并比较 3 种处理下气孔的开张度。

思 考 题

1. 相同浓度 KNO_3 和 NaOH 处理下气孔开张度是否相同？为什么？

2. 在光照之前就观察一下各种处理的气孔开张情况，会发现有什么现象？这会影响实验结果吗？

参考文献

华中师范大学生物系植物生理教研组. 植物生理学实验指导. 北京:人民教育出版社,1980.25～26

实验 5 植物根系活力的测定

目的意义　根系活力通常以单位根重或根数在单位时间内氧化或还原以及吸附某有机物质的量来表示。根系活力是衡量根系活动能力强弱的重要指标,可以衡量根系吸收水分或矿质元素的能力大小,甚至可以反映地上部分的营养状况以及产量水平。

Ⅰ.α－萘胺法

一、实验原理

植物的根系能氧化吸附在根系表面的 α－萘胺,生成红色的 α－羟基－1－萘胺沉淀在根系表面使根着色。根的氧化力与根系呼吸强度有密切的关系。日本人相见、松中等认为 α－萘胺氧化的本质是过氧化物酶的催化作用,该酶活性愈强,被氧化的 α－萘胺愈多,根着色愈深。因此,根据根染色的深浅可粗略判断根系的活力强弱。此外,测定反应前后溶液中 α－萘胺的量,即可计算出被根氧化的 α－萘胺的量,从而定量地测定根系活力。

α－萘胺可用比色法测定,其原理是 α－萘胺在酸性环境中与对氨基苯磺酸和亚硝酸作用生成红色偶氮染料,其生成物可用比色法定量测定。反应如下:

对氨基苯磺酸　　　　　　　　重氮化合物

α－萘胺　　重氮化合物　　　（对－苯磺酸－偶氮－α－萘胺）

二、材料、设备及试剂

1. 材料　田间生长的水稻、小麦、玉米根系或其他植物根系。

2. 设备　分析天平、恒温箱(或恒温振荡水浴锅)、分光光度计、三角瓶(100ml)、容量瓶(25ml)、移液管(1、2、10ml)、吸水纸。

3. 试剂

(1)40mg·L^{-1}α-萘胺溶液　称取10mg α-萘胺,用2ml左右95%酒精溶解后,加水定容至250ml贮于棕色瓶中。

(2)0.1mol·L^{-1}磷酸缓冲液(pH7.0),配制方法见附录4(4)

(3)1%对氨基磺酸　将1g对氨基苯磺酸溶于100ml 30%的醋酸中。

(4)100mg·L^{-1}亚硝酸钠:称10mg亚硝酸钠溶于100ml水中。

三、操作方法

1. 取样与氧化反应

从田间挖取植株,用水洗去根部泥土,再用蒸馏水冲洗两次,用吸水纸吸干根表水分,剪下根尖(0~1cm长段)、称1~2g放100ml三角瓶中,加入40ppm α-萘胺和0.1mol·L^{-1}的磷酸缓冲液(pH7.0)各25ml,轻轻摇动使根全部浸没,静置10min。吸取2ml溶液测其α-萘胺的含量(方法见步骤3),作为反应开始时的数值。

将三角瓶加塞,置于25℃恒温箱中(振荡恒温水浴更好),放置3h后,吸取2ml溶液,再测其α-萘胺含量。

2. 空白设置

由于α-萘胺在空气中会自动氧化,因而在对样品作以上处理的同时,还要另取一个三角瓶,加入同样数量的反应液,但不放根,放置同样时间后作空白测定。求出α-萘胺自动氧化的量。

3. α-萘胺的比色测定

将2ml溶液转入25ml容量瓶,加入10ml蒸馏水,再加入1%对氨基苯磺酸1ml,亚硝酸钠1ml,在室温充分摇匀,放置5min。待溶液显示色稳定后,加水定容。在20~60min内,在510nm下测其光密度。从标准曲线查出相应的α-萘胺的浓度。

4. 标准曲线的制作

取7只25ml的容量瓶,编号,依次向各瓶加入40mg·L^{-1}的α-萘胺溶液0.00、0.25、0.50、0.75、1.00、1.25、1.50ml,再分别加入等量的磷酸缓冲液,摇匀,放置10min。然后按步骤3的方法显色,定容,比色。根据所测定光密度(OD$_{510}$)与各瓶中的α-萘胺的含量(依次为0、10、20、30、40、50、60μg)绘制标准曲线。

四、实验结果

本实验以根对α-萘胺的氧化力作为根系活力,其计算公式如下:

$$Y = \frac{A - B - (40 - C)}{W \cdot t} \cdot \frac{V_T}{V_O}$$

Y:根的氧化力(ugα-萘胺·g^{-1}FW·h^{-1})

A:反应开始时样品液中的 α-萘胺的含量(μg)

B:反应结束时样品液中的 α-萘胺的含量(μg)

40:空白中 α-萘胺氧化前的含量(μg)

C:空白中 α-萘胺氧化后的含量(μg)

V_T:样品液总量(ml)

V_O:显色用样品液量(ml)

W:样品重(g)

t:反应时间(h)

Ⅱ. 吸附甲烯蓝法

一、实验原理

根据植物矿质吸收的理论,认为植物对溶质的最初吸收具有吸附的特性,并假定这时在根系表面均匀地覆盖了一层吸附物质的单分子层。因此,可根据根系对某种物质的吸附量来测定根的吸收面积。常用甲烯蓝作为被吸附物质,它被吸附的量可以根据供试液浓度的变化用比色法准确地测出。已知 1mg 甲烯蓝成单分子层时占用 $1.1 m^2$ 的面积,据此即可求出根系的总吸收面积。当根系在甲烯蓝溶液中已达到吸附饱和而仍留在溶液中时,根系的活跃部分能把原来吸附的物质吸收到细胞中去因而继续吸附甲烯蓝。从后一吸附量求出活跃吸收面积,可作为根系活力指标。

二、材料、设备及试剂

1. **植物材料**　最好用水培植物的根。如:用砂培植物的根,在冲洗石英砂时应十分小心,以免将根系折断或伤害。

2. **仪器与用具**　721 型分光光度计、小烧杯、50 或 100ml 量筒(依根系大小而定)、移液管(1ml、10ml)、试管(15ml)、量瓶(1000ml、100ml)、吸水纸、试管架。

3. **试剂**

(1)0.064g·L^{-1}甲烯蓝溶液　精确称取 64mg 甲烯蓝置烧杯中加水溶解,转入 1000ml 量瓶中,加水定容,摇匀即成。此溶液每毫升含甲烯蓝 0.064mg。

(2)0.010 mg·ml^{-1} 的甲烯蓝溶液　用移液吸管吸取(1)液 15.6ml 放入 100ml 量瓶中,加水至刻度,摇匀即成。

三、操作方法

1. **甲烯蓝溶液标准曲线的制作**　取试管 7 支编号,按下表次序加入各溶液,即成甲烯蓝系列标准液:

以第 1 管(水)为参照在分光光度计 660nm 以下,读取各液光密度。以甲烯蓝浓度为横坐标,光密度为纵坐标绘成标准曲线。

2. **取待测植物根系用排水法测定其根系体积。**

(1)如图装好根系体积测定装置,加水入体积计中,加水量以能浸没根系为度,调节刻度吸管位置,使水面靠近橡皮管的一端,记下刻度吸管读数(V_0)。

（2）根系用吸水纸小心吸干数次，慎勿伤根。

表6　甲烯蓝系列标准浓度配制

试管号	1	2	3	4	5	6	7
$0.01 \text{ mg} \cdot \text{ml}^{-1}$的甲烯蓝(ml)	0	1	2	4	6	8	10
水(ml)	10	9	8	6	4	2	0
甲烯蓝的浓度($\text{mg} \cdot \text{ml}^{-1}$)	0	0.001	0.002	0.004	0.006	0.008	0.010

（3）将上述根系放入体积计的漏斗中，使根系完全浸入水中，记下刻度管读数(V_1)。

（4）取出根系，滴干根系的水分，加水入漏斗中，使水面回到V_0。

（5）用吸管加水入漏斗，使水面到刻度管V_1，此时加入的水量即代表根系的体积。

3. 把$0.064 \text{ mg} \cdot \text{L}^{-1}$甲烯蓝溶液分别倒在3个编号的小烧杯里，每杯中溶液量约10倍于根的体积，准确记下每杯的溶液用量。

4. 将根系用吸水纸小心吸干数次，慎勿伤根，然后依次地浸入上述盛甲烯蓝溶液的烧杯中，在每杯中浸1.5min。每次取出时，都要使根上甲烯蓝溶液流回原烧杯中。

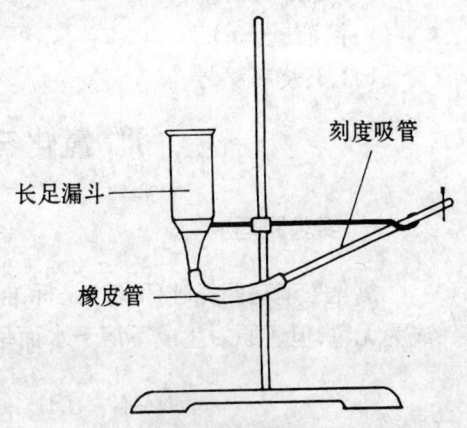

图4　排水法测定根系体积装置
（引自上海师范大学生物系等.1978）

5. 从3个烧杯中各取1ml溶液加入试管，分别稀释10倍，在分光光度计660nm下测定其光密度，查标准曲线，求出浸根后每杯溶液中剩下的甲烯蓝毫克数，将结果记录于表中。

表7　测定根系吸收面积记载表　　　　日期：

植物名称	杯中甲烯蓝溶液量(ml)	开始时甲烯蓝浓度($\text{mg} \cdot \text{ml}^{-1}$)	浸根后溶液浓度($\text{mg} \cdot \text{ml}^{-1}$) 磁杯			被吸收的甲烯蓝量(mg) 磁杯				根的吸收面积(m^2)			根体积(cm^3)	比表面	
			1	2	3	1	2	1+2	3	总的	活跃的	活跃吸收面积(%)		总的	活跃的

四、实验结果

按以下公式计算根系吸收面积。计算结果一并记入表中。

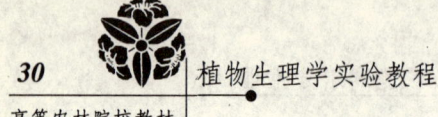

$$总吸收面积(m^2) = [(C_1 - C_1') \times V_1 + (C_2 - C_2') \times V_2] \times 1.1 \qquad (1式)$$

$$活跃吸收面积(m^2) = (C_3 - C_3') \times V_3 \times 1.1 \qquad (2式)$$

$$比表面 = \frac{根的总吸收面积(cm^2)}{根的体积(cm^3)} \qquad (3式)$$

$$活跃吸收面积\% = \frac{活跃吸收面积(m^2)}{总吸收面积(m^2)} \times 100 \qquad (4式)$$

C:溶液原来浓度($mg \cdot ml^{-1}$)

C′:浸根后的浓度($mg \cdot ml^{-1}$)

V:溶液量(ml)

1、2、3:烧杯编号

Ⅲ. 氯化三苯基四氮唑(TTC)法

一、实验原理

氯化三苯基四氮唑(TCC)是标准的氧化还原电位为80mV 的氧化还原色素,溶于水中成为无色,但还原后生成不溶于水而呈红色的三苯甲臜(TPF)。反应如下:

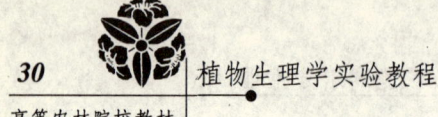

TTC(无色)　　　　　　　　　　　TTF(红色)

生活的根系具有一定的还原力,并可以被琥珀酸、延胡索酸、苹果酸等得到加强。可以通过测定根系还原 TTC 的多少,反映根系活力的大小。

二、材料、设备及试剂

1. 材料　小麦、水稻、玉米等植物根系。

2. 设备　721 型分光光度计、分析天平、温箱、100ml 三角瓶、移液管(1ml、10ml)、容量瓶(10ml、50ml)等。

3. 试剂

(1)乙酸乙酯(分析纯)。

(2)保险粉(次硫酸钠,$Na_2S_2O_4$)粉末。

(3)$1mg \cdot ml^{-1}$TTC:准确称取 TTC 100mg,溶于少量水中,定容至 100ml。

(4)$1/15\ mol \cdot L^{-1}$磷酸缓冲液。

(5)$1mol \cdot L^{-1}$硫酸:用量筒取比重为 1.84 的浓硫酸 55ml,边搅拌边加入盛有约 500ml 蒸馏水的烧杯中,冷却后稀释至 1000ml。

三、操作方法

1. 标准曲线的制作

(1)取 $1mg \cdot ml^{-1}$的 TTC 于 50ml 容量瓶中,加乙酸乙酯约 40ml 及少许保险粉,剧烈震荡,使 TTC 充分还原为红色的 TPF 并溶于乙酸乙酯,用乙酸乙酯定容至刻度。此液中 TPF 浓度为 $20\mu g \cdot ml^{-1}$。

（2）将上述 TPF 溶液稀释成系列浓度,取 10ml 容量瓶 8 个,编号,依此向各管加入 TPF 溶液 0、2.00、4.00、6.00、8.00、10.00、12.00、14.00$\mu g \cdot ml^{-1}$,再加入乙酸乙酯定容至 10ml。

（3）以空白作参比,在分光光度计上,测定 485nm 下的吸光度,绘制标准曲线。

2. 称取洗净吸干水分的根尖 0 ~ 1.0cm 切段 0.2 ~ 1g,放入刻度试管,加 0.4% TTC 溶液和 1/15mol $\cdot$ L^{-1} 磷酸缓冲液的等量混合液 10ml,使根充分浸没在溶液中,在 37℃ 下保温 1 ~ 2h。然后加入 1mol $\cdot$ L^{-1} 硫酸 2ml 终止反应。

3. 根系活力测定 把根取出擦干,加乙酸乙酯 3 ~ 5ml 和少量石英砂一起在研钵中磨碎。把红色提取液移入试管,并用少量乙酸乙酯洗涤残渣 2 ~ 3 次,并移入试管。最后加乙酸乙酯使总量为 10ml。在分光光度计上测定 485nm 下的吸光度,查标准曲线。

四、实验结果

$$根系活力(\mu gTPF \cdot g^{-1}FW \cdot h^{-1}) = \frac{C \times V}{W \times t} \times 100$$

C:由标准曲线查得的浓度$(mg \cdot ml^{-1})$

V:提取液体积(ml)

W:根重(g)

t:反应时间(h)

思 考 题

1. 比较上述 3 种测定根系活力方法的优缺点?

2. TTC 法测定根系活力中加入次硫酸钠的作用是什么?

3. TTC 法测定中用的是乙酸乙酯提取 TTF,还可以用别的溶剂提取吗?

4. 为什么要测定根系活力? 它可以反映植物地上部的生理状况吗?

参考文献

1. 李合生. 植物生理生化实验原理和技术. 北京:高等教育出版社,2000. 119 ~ 120

2. 上海师范大学生物系,上海市农业学校. 水稻栽培生理. 上海:上海科技出版社. 1978. 895 ~ 898

3. 吉田武彦. 根的活力测定法. 土壤肥料杂志. 1956,37(1):63 ~ 68

4. 白宝璋,金锦子,白崧等. 玉米根系活力 TTC 法测定的改良. 玉米科学,1994. 2(4):41 ~ 44

5. 熊庆娥,植物生理实验(研究生用,内部资料). 1999. 8 ~ 9

实验 6 植物蒸腾拉力观察及蒸腾强度的测定

目的意义 蒸腾强度是研究植物,尤其是多年生果树、林木生命活动的重要生理指标之一。它可反映植物体内水分运输、植物与环境间水分交换以及植物对水分的需求量等情况。通过本实验掌握蒸腾强度测定方法、熟悉 ZHT 型蒸腾仪的使用方法、观察植物蒸腾拉力。

Ⅰ. 蒸腾拉力观察

一、实验原理

在光下、植物叶片气孔开放,叶肉细胞中的水经气孔蒸腾散失,引起这些细胞水势下降,向周围细胞吸水,而引起一系列水势下降,产生自上(叶)而下(茎)的水分提升力,即蒸腾拉力,使水被"拉入"茎导管,即引起了水分的被动吸收。蒸腾拉力很强大,足以使土壤中水上升到高大树木顶部。

二、材料、设备及试剂

1. **材料** 旺盛生长的木本植物枝条。
2. **设备** 玻璃管、乳胶管、水银、圆形玻缸。

三、操作方法

剪取有叶枝条一枝,立即在水中剪掉切口以上一小段,以免气泡进入导管。取长 40～50cm、直径与枝条粗度相近的玻管,注满水,用乳胶管将玻管与枝条切口端连接,玻管另一端插入盛水银的玻缸中。将枝条、玻管固定于铁架台上。整个装置放置阳光下。0.5～1h 后即可见水银由杯中上升到玻管中。

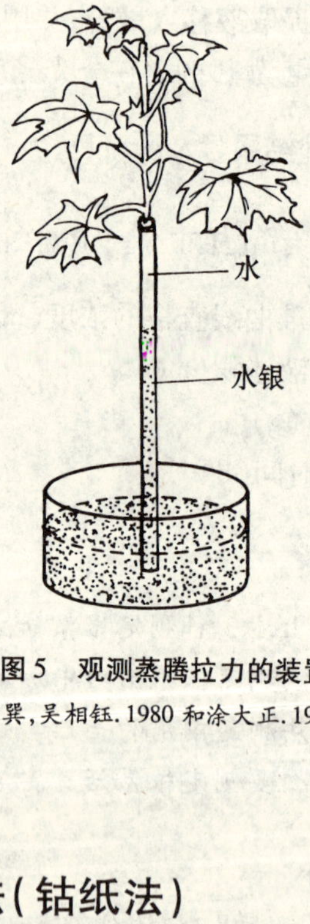

水

水银

图5 观测蒸腾拉力的装置
(据曹宗巽,吴相钰.1980 和涂大正.1998.修改)

四、实验结果

记录并解释所观察到的现象。

Ⅱ. 植物蒸腾强度简易测定法(钴纸法)

一、实验原理

氯化钴纸在干燥时呈蓝色,当吸收水分后,随含水量的增加逐渐变浅,最后变成粉红色。用一定面积的干燥钴纸吸收叶片蒸腾水分,根据钴纸由蓝变红所需的时间长短、钴纸标准吸水量和叶面积(用钴纸面积)即可计算出植物蒸腾强度。

二、材料、设备及试剂

1. **材料** 各种植物幼嫩叶。
2. **设备** 电子天平(感量 0.0001g)、计时器、干燥器、恒温干燥箱、干燥管、剪刀、镊子、蒸腾夹装置、滤纸等。
3. **试剂** 5% 氯化钴溶液,准确地称取 5g 氯化钴,溶于 100ml 蒸馏水中。

三、操作方法

1. 氯化钴纸的制备 取优质滤纸,剪成 $8cm^2$ 的小块,将其浸入盛有 5% 氯化钴溶液的医用瓷盘中,待浸透后取出平铺在干洁的玻璃板上,置于 $60 \sim 80℃$ 恒温干燥箱中烘干,取出选取颜色均匀一致的钴纸块,用打孔器打下直径为 $0.5cm^2$ 的钴纸圆片,再放入恒温干燥箱内烘干,装入干燥管,放入干燥器中待用。

2. 钴纸标准化 使用前应先将钴纸进行标准化,测出每一钴纸小圆片由蓝色转变成粉红色所吸收的水分。取 1 块钴纸小圆片置于电子天平上称重并记下开始称重的时间后,每隔 1min 记一次重量,当钴纸颜色全部变为粉红色时,立即准确记下重量和时间,算出钴纸小圆片由蓝色变为粉红色时平均吸收多少水分(单位:mg)作为钴纸小圆片标准吸水量。

3. 测定 用镊子从干燥管中迅速夹取钴纸片一片,放入蒸腾夹装置中的橡皮小孔中,立即把待测植株的叶片卡在蒸腾夹中相应位置上,夹紧同时记录时间,注意观察钴纸的颜色变化,待钴纸变为粉红色时记下时间。

4. 可选择不同植物(作物)的功能叶片,或同一植物不同部位的叶片测定其蒸腾强度。也可在不同环境条件下测定植物的蒸腾强度。每材料重复测定 3 次。

四、实验结果

计算所测植物蒸腾强度的平均值($mg \cdot cm^{-2} \cdot min^{-1}$)。

Ⅲ. ZHT 型蒸腾仪测定法

一、实验原理

将被测叶片一定面积置密封容器(叶室)中,叶片被测部分蒸腾失水导致容器内相对湿度(RH)的增加,并通过仪器检测记录 RH 的变化。根据容器内 RH 增加达一预定值所需时间,按照公式即可计算出被测材料的蒸腾强度。GH – Ⅲ 蒸腾仪结构如下图。

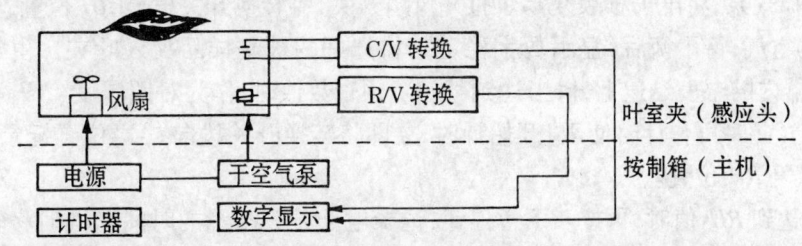

图 6 蒸腾仪结构示意图
(引自 ZHT 型说明书)

1. 叶室夹 叶室夹为一密封容器,其顶端有一夹子与小窗,样品叶被夹住后,小窗面积即为样叶的蒸腾面积。密封容器内有湿度探头及微型风扇,以及为改变温度而设置的干燥空气(或环境空气)的气路装置,密封容器内的温度及叶片蒸腾造成的湿度变化都由探头感应以电讯号输出。

2. 控制箱 具有温湿度显示及计时装置,记录湿度变化预定量所需时间。通过流量可调气泵向叶室夹供应干燥空气(或环境空气)来调节起始湿度。

二、材料、设备及试剂

1. **材料** 田间生长植株(或枝条)。
2. **设备** ZHT 型蒸腾测定仪、湿度计。

三、操作方法

1. 仪器的准备与检查

(1)电池的安装 将主机后盖上的电池盒盖打开,分别将 9V 及 1.5V、1.2V 电池按 "+""−"标记装入盒内。

(2)将感应头上的二根电缆插头分别插入主机面板上相应的插座,插入时,注意插头上的插销方向,将插头向前推入,拔出时,请捏住插头的外壳向外拔。千万不可拉住插头上的导线往外拔。

(3)开启电源按下检测开关,检查仪器电源是否正常,显示屏显示 50.5~49.5 为正常。使用中,应常检测,以保证测量精度。

(4)当转换开关置"RH"位置时,液晶屏上便显示密封容器中的相对湿度,当转换开关置"C"位置时液晶屏显示密封容器中的空气温度。

(5)主机左角上的"出气"口,用橡皮管与密封器上的有机玻璃手柄相连接,手柄内填充变色硅胶,供注入干燥空气用,手柄右侧开关为容器内小风扇电源开关。

(6)在打开气泵电源开关前,将电子秒表复位至 0.0000。注意只有开关指向计时位置时,电子秒表才可计时、暂停或复位。如果在此状态下,误将复位钮作暂停钮使用,只要按复位钮 3s,即会有计数数字出现,接着再按一次暂停、复位,将出现 0.0000 数字。

(7)将面板上钮子开关旋向"开"位置,可听到气泵运转的响声,调节流量阀,逆时针旋转,注入干空气增加,否则反之。用一块塑料簿膜夹入叶夹,RH 值会随干空气的注入逐渐下降,下降的速率与流量大小有关。

2. 正式测定

(1)关掉气泵,将电子秒表复零。打开风扇开关,将转换开关拨至 RH 位置,充分搅和密封容器内的空气,待平衡后(显示数字稳定),将选好的被测样品夹入叶夹。由于叶片的蒸腾,密封容器内的湿度迅速上升,当达到某一个预置数值时,作为对照湿度(RH_0),迅速按一下"暂停"键(此时可作计时使用)开始计时,立即将转换开关拨向"℃"位置记录温度 T_1,再将此开关恢复 RH 位置。

(2)当达到 RH_2 值时,再按一下暂停钮,记录电子秒表指示的时间 t,同时将转换开关旋向"℃"记录密封容器中的温度 T_2。取出样品,一次测试即告结束。

四、实验结果

计算公式:

1. 对照(或预置)容器中每立方米含水汽克数 a_1

$$a_1 = \frac{220(e_1 \times RH_1)}{273 + T_1} \tag{1}$$

2. 蒸腾后容器中每立方米含水汽克数 a_2

表 8　蒸腾强度测定记录表

样品	部位	对照(或预置)				测　　定				测定时间	蒸腾强度 $(g \cdot m^{-2} \cdot h^{-1})$
		RH_1	T_1	e_1	a_1	RH_2	T_2	e_2	a_2		

注:RH_1、RH_2 分别为对照(预置)与蒸腾后密封室内相对湿度

　　T_1、T_2 分别为对照(预置)与蒸腾后密封室内相对温度(℃)

　　e_1、e_2 分别为 T_1、T_2 温度时的饱和水汽压(查表)

　　a_1、a_2 分别由公式 1、2 计算

计算公式:

1. 对照(或预置)容器中每立方米含水汽克数 a_1

$$a_1 = \frac{220(e_1 \times RH_1)}{273 + T_1} \tag{1}$$

2. 蒸腾后容器中每立方米含水汽克数 a_2

$$a_2 = \frac{220(e_2 \times RH_2)}{273 + T_2} \tag{2}$$

3. 蒸腾强度$(g \cdot m^{-2} \cdot h^{-1}) = \dfrac{a_2 - a_1}{L \cdot t \cdot 5000} \times 10^4 \times 3600 \tag{3}$

(3)式可简化为:蒸腾强度$(g \cdot m^{-2} \cdot h^{-1}) = \dfrac{a_2 - a_1}{t} \times 3000 (3')$

　　L:测定叶面积$(2.4cm^2)$,$1m^2 = 10^4 cm^2$

　　t:测定时间(s)　3600:表示 1hr 为 3600s

思　考　题

　　1. 蒸腾拉力实验中你能用别的溶液代替水银吗? 你能从本实验中获得什么对切花保鲜方法有益的启示吗?

　　2. 为何植物上表皮和下表皮蒸腾强度不一致?

参考文献

1. 王忠. 植物生理学. 北京:中国农业出版社,2000.65～75

2. 涂大正. 植物生理学. 长春:东北师范大学出版社,1996.136,39～390

3. ZHT 型蒸腾仪使用说明书。

4. 熊庆娥. 植物生理实验(研究生用,内部资料).1999.15～18

第三章　植物的矿质与氮素营养

实验7　伤流液的收集及伤流液成分快速测定

目的意义　伤流是植物根系主动吸水的证明,不同植物或同一植物在不同季节中的伤流强度均不同。伤流强度反映根系生理活动强弱和根系有效吸收面积大小。伤流液除含大量水分外,还含有各种无机盐及根部合成的有机物包括植物激素。掌握伤流量的测定和伤流液成分快速分析的原理与技术,可及时了解根系活力和根系营养状况。

一、实验原理

由于根压存在,切去植株地上部分,将从切口处持续产生伤流液,故对伤流液中主要成分可采用点滴分析(NO_3^-、$H_2PO_4^-$)、比浊法(K^+)、显色反应(氨基酸)等加以鉴定。可用脱脂棉吸收后称其重量或导入刻度试管测量其体积。

1. 硝态氮的测定

硝态氮(NO_3^-)与硝酸试粉作用,生成粉红色的偶氮化合物,其颜色深浅与硝态氮的浓度成正相关。将样品所显颜色与标准色阶进行目测比较,可快速求得硝态氮的浓度。硝酸试粉主要由锌粉、柠檬酸、α-萘胺、对氨基苯磺酸混合而成,硝态氮与硝酸试粉反应分以下三步:

$$NO_3^- + Zn^{2+} + H^+ \longrightarrow NO_2^- + Zn^{2+} + H_2O$$

对氨基苯磺酸　　　　　重氮化合物

α-萘胺　　重氮化合物　　（对-苯磺酸-偶氮-α-萘胺）

2. 铵态氮的测定

铵态氮(NH_4^+)与纳氏试剂反应生成红棕色沉淀,在有阿拉伯胶存在或 NH_4^+ 浓度低时,溶液呈黄色或棕色,溶液颜色的深浅反映铵态氮含量的多少,将显色与标准色阶比较即可确定样品中铵态氮的含量。其反应如下:

$$NH_4^+ + 2K_2[HgI_4] + 4KOH \longrightarrow \left[O \begin{array}{c} Hg \\ \\ Hg \end{array} NH_2\right]I\downarrow + 7KI + K^+ + 3H_2O$$

（纳氏试剂） （红棕色）

3. $H_2PO_4^-$ 的测定

磷酸根与钼酸铵结合生成磷钼酸铵,后者被二氯化锡（或抗坏血酸）还原生成磷钼蓝。磷钼蓝溶液蓝色的深浅与磷的浓度成正相关,借此可测定磷的含量。

$$H_3PO_4 + (NH_4)_2MoO_4 + H_2SO_4 \longrightarrow (NH_4)_3 \cdot PO_4 \cdot 12MoO_3 \cdot 2H_2O + (NH_4)_2SO_4 + H_2O$$

$$(NH_4)_3 \cdot PO_4 \cdot 12MoO_3 \cdot 2H_2O \xrightarrow{SnCl_2} (NH_4)_3 \cdot PO_4 \begin{array}{c} Mo_2O_5 \\ \Big| \\ 10MnO_3 \end{array} \cdot 2H_2O$$

（磷钼酸铵） （磷钼蓝,蓝色）

4. 钾离子的测定

植物体内的钾多以 K^+ 的形式游离存在,可利用下述比浊方法加以测定。钾离子与四苯硼钠作用,产生白色沉淀,使溶液发生混浊,其混浊程度取决于四苯硼钾生成量的多少,即决定于 K^+ 浓度的高低。因此,可测定出 K^+ 含量。

$$K^+ + NaB(C_6H_5)_4 \longrightarrow KB(C_6H_5)_4\downarrow + Na^+$$

（四苯硼钠） （四苯硼钾,白色）

二、材料、设备及试剂

1. 材料 玉米、节骨木、瓜类、葡萄等幼苗。

2. 设备 伤流管（充填脱脂棉的塑料膜小管）、棉线、刀片、比色盘、耳勺、分光光度计、天平、恒温水浴锅、电炉等。

3. 试剂

(1)硝酸试粉:称取硫酸钡 10g 分成数份,分别用 1g 硫酸钡与 0.2 g 锌粉,0.4 g 对氨基苯磺酸,0.2 g α-萘胺混合,置研钵中研细,混匀,再加入 3.75 g 柠檬酸一起研磨,混匀,贮于棕色瓶中,防潮、避光。

(2)50% 醋酸:50ml 冰醋酸加蒸馏水至 100ml。

(3)100mg $\cdot$ L^{-1}硝态氮标准液:精确称取经 105℃ 烘干的分析纯 KNO_3 0.7220 g（或 $NaNO_3$ 0.6068 g）溶于蒸馏水中,定容至 1000ml。

(4)100mg $\cdot$ L^{-1}铵态氮标准液:精确称取经 105℃ 烘干的分析纯$(NH_4)_2SO_4$ 0.4761g 溶于蒸馏水中,定容至 1000ml。

(5)纳氏试剂:称取 5g KI 溶于 5ml 蒸馏水中,另溶 3.5g $HgCl_2$ 于 15ml 水中,加热溶解。将 $HgCl_2$ 液缓缓地倒入 KI 溶液中,直至有少许经搅动仍不溶解的红色沉淀出现为止,然后加入 50% KOH 溶液 40ml（或 20% NaOH 溶液 70ml）,再用蒸馏水稀释至 100 ml,混匀,倾出清液装于棕色瓶中暗处保存。

(6)1% 的阿拉伯胶:称取 1g 阿拉伯胶加热溶解于 100ml 蒸馏水中。

(7)盐酸钼酸铵溶液:称取 15g 化学纯钼酸铵溶于约 300ml 蒸馏水中（如混浊,需过滤),缓缓注入292 ml(比重为1.19)的浓盐酸,边加边搅,最后加蒸馏水稀释至1000 ml,贮于棕色瓶内。

(8)氯化亚锡甘油溶液:称取淡黄色新鲜干燥的氯化亚锡细晶体($SnCl_2 \cdot 2H_2O$)2.5 g,加入10 ml(比重为1.19)的浓盐酸,待溶液全部溶解并透明后(如混浊,需过滤),再加纯甘油90 ml混匀贮于棕色瓶中,塞紧,置阴暗处可保存半年以上。

(9)100mg·L^{-1}磷标准液:精确称取经105℃烘干的分析纯KH_2PO_4 0.4390g溶于蒸馏水中,定容至1000ml。

(10)3%四苯硼钠溶液:称取0.3 g四苯硼钠放入小烧杯中,加水10ml使之溶解,如混浊需过滤,滤液加0.2 mol·L^{-1}NaOH 1滴,贮于棕色瓶内,此液可保存1月。

(11)钾的标准液:精确称取经105℃烘干的分析纯K_2SO_4 2.2287 g(或KCl 1.9120 g)溶于蒸馏水中,定容至1000ml。

三、操作方法

1. 伤流液的收集

(1)重量法　用刀片在植株茎基部离地面约3～4cm处切断,套上伤流管,使切口与脱脂棉接触,下面用线扎紧。一定时间后取下伤流管,立即将管口扎紧(以免水分蒸发)。称量伤流管、棉线在收集伤流液前后的重量,两次重量之差,就是伤流量。如量出切口面积,就可求出单位时间单位切口面积的伤流量。亦可计算单株伤流强度(g·h^{-1}·株$^{-1}$)。收集过程中,注意避免日光直晒伤流管。此法适合伤流量较少的植物。

(2)容量法(见图7)　选择生长健壮大小适合的植株,在离地面3～5cm处用刀片切去地上部分,在地面断茎上套上橡皮管,将引流玻管较短一端套入橡皮管内,较长的一端插入刻度试管或三角瓶中,整个过程要防止伤流液漏出,并用塑料薄膜封住管口以免伤流液蒸发和外界污物进入。收集时间依具体情况而定,记录收集伤流液的时间和伤流液量,计算伤流量(ml·h^{-1}·株$^{-1}$)。此法适用于伤流量多的植物。

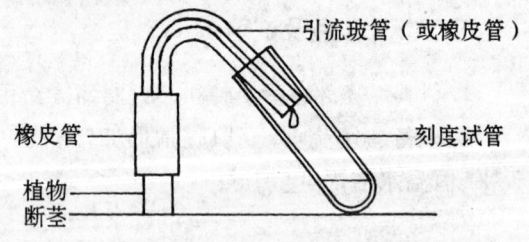

图7　容量法收集伤流液装置图
(引自白宝璋,汤学军.1993)

2. NO_3^- 的测定

在比色盘的五个孔中分别按表9顺序滴加各试剂,用玻棒依次搅匀。5min后,即成5个浓度20、40、60、80、100(mg·L^{-1})硝态氮的系列色阶。再于6号孔中加入伤流液5滴(浓度太高时,可稀释后用)及硝酸试粉1勺,搅匀,5min后,将其所显粉红色与标准色阶比较,确定样品液硝态氮浓度。

3. NH_4^+ 的测定

在比色盘的5个孔中分别按表10顺序滴加各试剂,用玻棒依次搅匀。5min后,即成5个浓度20、40、60、80、100(mg·L^{-1})铵态氮的系列色阶。再于6号孔中加入伤流液5滴(浓度太高时,可稀释后用)及1%的阿拉伯胶2滴、纳氏试剂1滴,搅匀,5min后,将其所显红棕色与标准色阶比较,确定样品液铵态氮浓度。

表 9　硝态氮系列标准浓度及伤流液反应体系

项　目	孔　号					
	1	2	3	4	5	6
各管 NO_3^- 浓度($mg \cdot L^{-1}$)	10	20	30	40	50	X
蒸馏水(滴)	9	8	7	6	5	5
100 $mg \cdot L^{-1}$ 硝态氮液(滴)	1	2	3	4	5	伤流5
50% 醋酸(滴)	1	1	1	1	1	1
硝酸试粉(勺)	1	1	1	1	1	1

表 10　NH_4^+ 系列标准浓度及伤流液反应体系

项　目	孔　号					
	1	2	3	4	5	6
各管 NH_4^+ 浓度($mg \cdot L^{-1}$)	10	20	30	40	50	x
蒸馏水(滴)	9	8	7	6	5	5
100 $mg \cdot L^{-1}$ 铵态氮液(滴)	1	2	3	4	5	伤流5
1% 的阿拉伯胶(滴)	2	2	2	2	2	2
纳氏试剂(滴)	1	1	1	1	1	1

4. $H_2PO_4^-$ 的测定

在比色盘的 5 个孔中分别按表 11 顺序滴加各试剂,用玻棒依次搅匀。5min 后,即成 5 个浓度 2、4、6、8、10($mg \cdot L^{-1}$)无机磷的系列色阶。再于 6 号孔中加入伤流液 5 滴(浓度太高时,可稀释后用)及钼酸铵 1 滴、氯化亚锡甘油 1 滴,搅匀,5min 后,将其所显蓝色与标准色阶比较,确定样品液无机磷浓度。(含磷 10 $mg \cdot L^{-1}$ 以上颜色过深,难于比较。)

表 11　$H_2PO_4^-$ 系列标准浓度及伤流液反应体系

项　目	孔　号					
	1	2	3	4	5	6
各管 $H_2PO_4^-$ 浓度($mg \cdot L^{-1}$)	2	4	6	8	10	x
蒸馏水(滴)	8	6	4	2	0	5
10 $mg \cdot L^{-1}$ 磷标准液(滴)	2	4	6	8	10	伤流5
钼酸铵(滴)	1	1	1	1	1	1
氯化亚锡甘油(滴)	1	1	1	1	1	1

5. K^+ 的测定

在黑色比色盘(或透明表皿下衬黑纸代替)的 5 个孔中分别按表 12 顺序滴加各试剂,用玻棒依次搅。5min 后,即成 5 个浓度 20、40、60、80、100($mg \cdot L^{-1}$)钾离子的系列色阶。再于 6 号孔中加入伤流液 5 滴(浓度太高时,可稀释后用)及甲醛 1 滴(排除 NH_4^+ 的干扰)、3% 四苯硼钠 1 滴,搅匀,5min 后,将其所显白色与标准浊度比较,确定样品液钾离子浓度。

表 12 钾离子系列标准浓度及伤流液反应体系

项　目	孔　号					
	1	2	3	4	5	6
各管 K^+ 浓度 $(mg \cdot L^{-1})$	20	40	60	80	100	x
蒸馏水(滴)	8	6	4	2	0	0
$100\ mg \cdot L^{-1}$ 钾标准液(滴)	2	4	6	8	10	伤流 5
甲醛(滴)	1	1	1	1	1	1
3% 四苯硼钠(滴)	1	1	1	1	1	1

四、实验结果

1. 记录并计算被测植物一昼夜的伤流量及伤流强度。
2. 将伤流液成分分析结果汇总列表(包括被检离子、检测法、显色及现象、浓度等)。

思 考 题

1. 伤流量的多少和伤流液的成分受哪些环境因子的影响?
2. 请参考实验 8 的原理,设计一种适合伤流液中氨基酸快速定性鉴定的方法。

参考文献

1. 熊庆娥. 作物营养的化学诊断法——氮、磷、钾速测. (内部资料),1986.
2. 朱广廉,钟诲文,张爱琴. 植物生理学实验. 北京:北京大学出版社,1990. 91
3. 李合生. 植物生理生化实验原理和技术. 北京:高等教育出版社,2000.118
4. 潘瑞炽,董愚得. 植物生理学. 北京:高等教育出版社,1995. 13
5. 柳青松,吴颂如,陈婉芬. 植物生理学实验指导书. 北京:中央广播大学出版社,1990. 19～20

实验 8 植物伤流液中氨基酸总量的测定
(茚三酮比色法)

目的意义　植物根系是植物吸收水分和矿质元素的主要器官,也是许多有机物质的合成和贮存器官,在伤流液中除含有矿质离子外,还含有氨基酸、激素、糖等有机物质。测定伤流液中氨基酸含量,可了解根系活力强弱。本实验方法,也适合植物其他组织中游离氨基酸含量测定。

一、实验原理

氨基酸与茚三酮乙醇溶液可发生显色反应,生成紫红色化合物,颜色深浅与氨基酸含量成正比。除脯氨酸与羟脯氨酸外,其他各种氨基酸显色的色调与深浅相差不大,因此利用此反应可定量测定伤流液中氨基酸的总量。

$$+ R\text{—CH—COOH} \xrightarrow{\Delta} \quad + R\text{—CHO} + NH_3 + CO_2\uparrow$$

（水合茚三酮）　（氨基酸）　　　（还原型水合茚三酮）

$$+ NH_3 + \quad \longrightarrow \quad + 3H_2O$$

（紫红色化合物）

二、材料、设备及试剂

1. 材料　南瓜、丝瓜、玉米、向日葵等多汁的植物幼苗。

2. 设备　分光光度计、电子天平、水浴锅及加热设备、引流玻管、移液管、橡皮管、刻度试管、刀片。

3. 试剂　95% 乙醇、3% 茚三酮乙醇溶液、500 mg·L^{-1} 的谷氨酸标准溶液。

三、操作方法

1. 取 6 支具塞刻度试管编号为 0～5，按下表加各种试剂，以制作标准曲线。

2. 另取 1 支试管编号为 6，加入伤流液 0.5 ml，加蒸馏水 1 ml，茚三酮乙醇溶液 0.5 ml，以测定伤流液中氨基酸含量。

表 13　谷氨酸标准曲线及样品反应体系

试　剂	管　号						
	0	1	2	3	4	5	6
各管谷氨酸的含量(μg)	0	50	100	150	200	250	x
500 mg·L^{-1} 谷氨酸(ml)	0	0.1	0.2	0.3	0.4	0.5	样品0.5
蒸馏水(ml)	1.5	1.4	1.3	1.2	1.1	1.0	1.0
3% 茚三酮乙醇溶液(ml)	0.5	0.5	0.5	0.5	0.5	0.5	0.5
95% 乙醇	5	5	5	5	5	5	5
吸光度(A_{20})							

3. 将上述的 7 只试管的试剂摇匀后，盖好塞子在沸水浴中准确加热 10 min，取出后立即加入 5 ml 95% 乙醇，摇匀，冷却后以 0 号管作空白，于 520 nm 波长下测定吸光度。

4. 以氨基酸微克数为横坐标，以吸光度为纵坐标，绘制标准曲线。

5. 根据第 7 管的吸光度值，从标准曲线上查出测定液中氨基酸的含量。

四、实验结果

$$伤流液中氨基酸浓度(\mu g \cdot ml^{-1}) = \frac{m_x}{V}$$

m_x:标准曲线上查出的谷氨酸含量(μg)

V:被测样品的体积(ml)

思 考 题

1.脯氨酸、羟脯氨酸与茚三酮反应吗?如果能,其反应产物呈什么颜色?

2.标准曲线的制作中,为什么选用谷氨酸作标准氨基酸?可用其他氨基酸代替谷氨酸吗?

参考文献

李合生.植物生理生化实验原理和技术.北京:高等教育出版社,2000. 117～118

实验9　植物组织中硝态氮含量的测定

目的意义　根系吸收的无机态氮,有铵态氮和硝态氮。植物体内硝态氮含量可以反映土壤氮素供应情况,常作为施肥指标。叶菜类和根菜类中常含有大量硝酸盐,在烹调和腌制过程中可转化为亚硝酸盐而危害人体健康。测定植物组织硝态氮含量对研究植物氮素营养和农产品安全性均有重要作用。

一、实验原理

本实验采用硝基水杨酸比色法测硝态氮,其原理是在有浓硫酸的条件下 NO_3^- 与水杨酸反应,生成硝基水杨酸。反应式如下:

$$\text{水杨酸} + NO_3^- \xrightarrow{H_2SO_4} \text{硝基水杨酸} + OH^-$$

产物的硝基水杨酸在碱性条件下(pH>12)呈黄色,在410 nm处有最大吸收峰,在一定范围内,其颜色的深浅与含量成正比,可直接比色测定。

二、材料、设备及试剂

1.材料　玉米、接骨木、瓜类、葡萄等植株幼苗。

2.设备　电子天平、分光光度计、恒温水浴锅、容量瓶、刻度试管、刻度吸管、漏斗、滤纸等。

3.试剂

(1)100 mg·L^{-1}硝态氮标准溶液　精确称取烘至恒重的 KNO_3 0.7221g溶于蒸馏水

(无离子水)中,定容至1000ml。

(2)5%水杨酸-硫酸溶液　称取5g水杨酸溶于100ml浓硫酸中(密度为1.84),搅拌溶解后,贮于棕色瓶中,置冰箱保存1周有效。

(3)8%氢氧化钠溶液:称取20g氢氧化钠溶于250ml蒸馏水中。

三、操作方法

1. 标准曲线的制作

(1)吸取100 mg·L^{-1}硝态氮标准溶液:1ml、2ml、4ml、6ml、8ml、10ml、12ml,分别放入10ml容量瓶中,用蒸馏水定容至刻度,使之成为10、20、40、60、80、100、120μg·ml^{-1}硝态氮的系列标准液。

(2)取8支试管,分别编号为0~7,以0号管加入0.1ml蒸馏水作空白,1~7号管分别吸取上述系列标准溶液0.1ml。再分别加入0.4ml 5%水杨酸-硫酸溶液,摇匀,在室温下放置20min后,再加入8% NaOH溶液9.5ml,摇匀冷却至室温,以空白作参比,在410nm波长下测定吸光度,以硝态氮含量为横坐标,吸光度为纵坐标,绘制标准曲线。见下表。

2. 样品制备　称新鲜植物组织1~2g研成匀浆,(或称经70℃烘干磨碎过60目即孔径0.25mm筛的干样100mg)装入20ml具塞刻度试管,加无离子水10~20ml,盖紧塞子,置于45℃恒温水浴浸提1h,其间不断摇动,然后过滤或离心(如含色素需脱色),滤液备用。若样品是伤流液,则可直接测定。

3. 硝态氮的测定

吸取样品液0.1 ml放入编号为8的试管中,其他操作同标准曲线,在标准曲线上可查得硝态氮含量。

表14　水杨酸比色法测硝态氮反应体系

项　目	管　号								
	0	1	2	3	4	5	6	7	8
硝态氮系列浓度(μg·ml^{-1})	0	10	20	40	60	80	100	120	样品
各浓度硝态氮用量(ml)	水0.1	0.1	0.1	0.1	0.1	0.1	0.1	0.1	0.1
每管含硝态氮(μg)	0	1	2	4	6	8	10	12	x
5%水杨酸-硫酸(ml)	0.4	0.4	0.4	0.4	0.4	0.4	0.4	0.4	0.4
8% NaOH(ml)	9.5	9.5	9.5	9.5	9.5	9.5	9.5	9.5	9.5
吸光度(A$_{410}$)									

四、实验结果

样品中硝态氮含量$(\mu g \cdot g^{-1}) = \dfrac{m_x \times V}{V_1 \cdot W}$

m_x:标准曲线查出测定液中硝态氮含量(μg)

V:样品提取液总体积(ml)

V_1:用于测定的样品液(ml)

W:样品鲜重或干重(g)

思 考 题

1. 测定反应中水杨酸的作用是什么?
2. 是否可将实验7中硝态氮快速测定法改为分光光度法? 为什么?

参考文献

1. 李合生. 植物生理生化实验原理和技术. 北京:高等教育出版社,2000. 123~124
2. 王忠. 植物生理学. 北京:中国农业出版社,2000. 84
3. 白宝璋,汤学军. 植物生理学测试技术. 北京:中国科学技术出版社,1993. 24

实验 10 植物组织中无机磷含量的测定

目的意义 磷参与植物体内多种代谢,促进碳水化合物的合成、转化和运输,施磷对提高作物产量和品质有明显的效果。通过本实验掌握植物体内磷含量的测定方法及其原理。

一、实验原理

测定磷含量的方法主要有磷钼蓝比色法(适宜含磷量较低)和钒钼黄比色法(适宜含磷量较高)等。可直接用于植物组织可溶性磷的测定。如用于植物材料全磷含量测定,需将材料用浓 H_2SO_4—H_2O_2 消煮转化为可溶性磷。

1. 磷钼蓝比色法 在适宜的酸性条件下,磷酸能与钼酸铵作用形成磷钼酸铵,并被抗坏血酸或氯化亚锡等还原剂还原,生成蓝色的磷钼蓝(其反应式见实验7),并在 650 nm 处有最大吸收峰,其颜色深浅与含磷量成正比,可直接比色测定。

2. 钒钼黄比色法 待测液中的正磷酸与偏钒酸和钼酸能生成黄色的三元杂多酸,溶液黄色的深浅与磷酸含量成正比,生成物在 440nm 波长有吸收高峰。可用比色法定量磷。此法的优点是黄色稳定,对显色条件要求不十分严格,操作简便,干扰物少,灵敏度较低,工作范围随选用的吸收波长而异。

选用波长(nm)	400	440	470	490
测磷工作范围(mg·L^{-1})	0.75~5.5	2.0~15	4~17	7~20

二、材料、设备及试剂

1. 材料 玉米、接骨木、瓜类、葡萄等幼苗;各种植物的根、茎、叶、种子及全株过 60~80 目筛干粉。

2. 设备 电子天平、分光光度计、恒温水浴锅、容量瓶、刻度试管、刻度吸管、漏斗、小滤纸等。

3. 试剂

(1)2.5% 钼酸铵溶液 称取$(NH_4)_2MoO_4$ 25g用蒸馏水溶解并定容至 1000ml。

（2）10 mg·L⁻¹磷标准液　精确称取烘至恒重的分析纯 KH_2PO_4 0.4398g 加蒸馏水溶解定容至1000ml,摇匀;取此液10ml定容至100ml即为10mg·L⁻¹磷标准液。

（3）10%抗坏血酸溶液　（现用现配）。

（4）定磷试剂　按下列顺序及比例将各试剂混合即成。蒸馏水、6mol·L⁻¹硫酸、2.5%钼酸铵、10%抗坏血酸按 2∶1∶1∶1（体积比）混合,贮于棕色瓶内。若变为棕黄色即不能使用。

（5）钒钼酸铵试剂 A 液:25g $(NH_4)_6MO_7O_{24}·4H_2O$（钼酸铵）溶于400ml 水。B 液:1.25g偏钒酸铵溶于300ml 沸水,冷却后加入250ml 浓 HNO_3。将 A 液缓缓倾入 B 液中,搅匀定容1000ml,贮于棕色瓶中。

（7）6mol·L⁻¹NaOH　称24gNaOH溶于100ml水。

（8）0.2%二硝基酚指示剂　0.2g 2,6-二硝基酚（或2,4-二硝基酚）溶于100ml水。

（9）50mg·L⁻¹磷标准液　称 0.2197g 经烘干的分析纯 KH_2PO_4 溶于 400ml 水加入 25ml,3mol·L⁻¹ H_2SO_4 定容1000ml,此液可久贮。

三、操作方法

1. 磷钼蓝比色法

（1）样品制备　取作物组织(叶、叶鞘或茎等)用组织捣碎机或研钵制成匀浆,定容,过滤(必要时用活性炭脱色),滤液备用。伤流液可直接测定。

（2）标准曲线制作及样品测定　取 6 支试管,分别编号为 0~5,按下表顺序加入磷标准液及其他试剂,以制作标准曲线。另取 1 支试管编号为 6,作为样品管,按下表加入各试剂。并将各管充分摇匀,在45℃水浴中保温25min,以空白作对照,在分光光度计650nm处测定吸光度。以吸光度值为纵坐标,磷含量为横坐标,绘制标准曲线。并根据 6 号管的吸光度值,从标准曲线上查出测定液中磷含量。

表15　磷钼蓝比色法测磷反应体系

项　目	管　号						
	0	1	2	3	4	5	6
各管含磷量(μg)	0	2	4	6	8	10	x
10 mg·L⁻¹磷标准液(ml)	0	0.2	0.4	0.6	0.8	1.0	样品0.2
蒸馏水(ml)	3.0	2.8	2.6	2.4	2.2	2.0	2.8
定磷试剂(ml)	3.0	3.0	3.0	3.0	3.0	3.0	3.0
吸光度(A_{650})							

2. 钒钼黄比色法

（1）样品制备(参见磷钼蓝比色法)。

（2）样品测定:吸待测液 5~10ml 于容量瓶,加 2 滴二硝基酚指示剂,加 6mol·L⁻¹ NaOH 中和至刚呈黄色,加 10ml 钒钼酸铵试剂,用蒸馏水定容,在 440nm 处比色,以空白溶液调零。

(3)标准曲线制作:50ml 容量瓶 8 个,编号 0~7,准确吸 50mg·L^{-1}磷贮备标液 0、1、2.5、5、7.5、10、15ml 分别入各瓶,按步骤(2)加入各试剂显色,即得:0、1.0、2.5、5.0、7.5、10、15 磷的标准色阶,测定 A_{440}。以吸光度为纵坐标,磷标准浓度为横坐标,绘制工作曲线。

四、实验结果

按计算公式计算样品中磷的百分含量。

$$样品含磷量(\%) = \frac{m_x \times V}{V_1 \cdot W} \times 10^{-4}$$

m_x:标准曲线查出测定液中磷含量(μg)

V:样品提取液总体积(ml)

V_1:用于测定的样品液(ml)

W:样品鲜重或干重(g)

10^{-4}:样品含磷量(μg·g^{-1})换算成百分含量应乘系数

思 考 题

1. 总结采用上述方法测磷中应注意的事项?
2. 磷钼蓝比色点滴分析法(实验 7)与分光光度法有何异同?各有何优点?

参考文献

1. 王忠. 植物生理学. 北京:中国农业出版社,2000. 85
2. 白宝璋,汤学军. 植物生理学测试技术. 北京:中国科学技术出版社,1993. 26
3. 中国土壤学会农业化学专业委员会. 土壤农业化学常规分析方法. 北京:科学出版社,1983. 276~277
4. 南京农学院. 土壤农化分析. 北京:农业出版社,1983. 81

实验 11 植物组织中钾的测定

目的意义　在植物体内钾呈离子状态,在碳水化合物代谢、蛋白质代谢、呼吸作用及气孔调节等方面起着重要作用。通过对钾的测定,可了解植物的需钾情况,也可作为合理施钾肥与看苗诊断的参考指标。

一、实验原理

火焰光度法是测定钾的常用方法之一,是灵敏度极高的碱金属和碱土金属定量分析方法。它是利用火焰使无机元素雾化为原子,并作为激发源使部分原子处于激发状态。由于各无机元素的能级结构不同,在火焰中原子的挥发使其发射和吸收特定波长的光,用单色器或滤色片可分出该元素的特征谱线,用光电检测器可测其发射强度,即可测出特定元素的含量(见图)。光电流的强度与被测元素(如 K)的含量成正相关,再从同样条件下测定的标准液所作的曲线上,查出相对应的浓度而计算出未知溶液含钾量。

二、材料、设备及试剂

1. **材料**　植物器官或全株过 60~80 目筛(孔径 0.25~0.2mm)的干样。

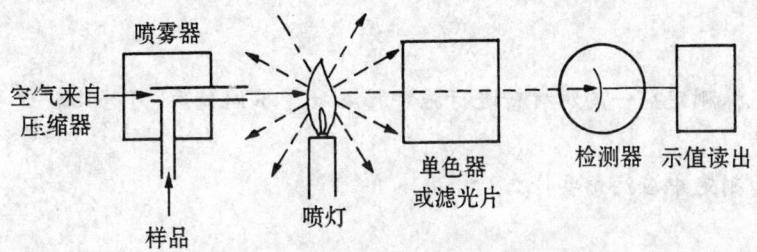

图8 火焰光度计结构示意图

(引自李合生.2000)

2. 设备 电子天平、火焰光度计、容量瓶、量筒、烧杯、小漏斗、移液管、玻棒。

3. 试剂

(1)钾标准液:准确称取烘干(105℃,4~6h)的分析纯 KCl 1.9068g 溶于水中,定容至 1 升(含 K 1000μg·ml^{-1}),稀释成 100μg·ml^{-1}。用 100μg·ml^{-1}钾标准液分别配成 5、10、20、30、50、70μg·ml^{-1}K 标准溶液各 250ml,分别贮于塑料瓶中备用。(如制备样品待测液时,加有其他试剂,在所配制钾标准溶液中按相应量加入同样试剂以消除干扰作用。)

(2)其他:浓 H_2SO_4、30% H_2O_2。

三、操作方法

1. 样品制备 准确称两份干样0.2g,分别装于 150ml 蒸馏消化管中,先用少量水冲洗粘附在管颈上的样品,然后分别加5ml 浓 H_2SO_4,摇匀(最好放置过夜),管口放一弯颈小漏斗,在消化器上消煮,待溶液呈均匀的棕黑色时取下,稍冷后加 6~8 滴 H_2O_2,再加热消煮约 10min,稍冷后重复加 H_2O_2,再消煮。如此重复 3~5 次,每次添加的 H_2O_2,应逐次减少,消煮到溶液呈无色或清亮后,再加热约 10min,除去剩余的 H_2O_2。取下,冷却,用少量水冲洗弯颈漏斗,洗液流入消化管。将消煮液转入 100ml 容量瓶中,用水定容。此液还可用于测全 N、全 P。

2. 标准曲线的制作 先用 70μg·ml^{-1}喷雾燃烧,调节光栅,使检流计的标尺上有最大读数,然后依次测定各级标准溶液,记下检流计的读数。最后绘制以浓度为横坐标,检流计上的读数为纵坐标的标准曲线。

3. 样品测定 吸取消煮后定容100ml 的待测液 5ml 放入 50ml 容量瓶中,用蒸馏水稀释至刻度,摇匀,在火焰光度计上测定,记下检流计上的读数,然后从标准曲线上查得待测液的浓度。

四、实验结果

$$样品含 K 量(\%) = C_x \times \frac{V}{W} \times D \times 10^{-4}$$

C_x:标准曲线查得的待测液的钾浓度($μg·ml^{-1}$)

V:样品定容的体积(ml)

W:指烘干样品重(g)

D:样品稀释倍数

10^{-4}:样品含 K 量($μg·g^{-1}$)换算成百分含量的换算系数

思　考　题

1. 若在植株测定前一周对材料进行施钾肥灌溉等不同处理,可否比较这些措施对钾吸收效果的评估?

2. 在钾的测定中应注意些什么?

参考文献

1. 李合生. 植物生理生化实验原理和技术. 北京:高等教育出版社,2000. 80～81

2. 王忠. 植物生理学. 北京:中国农业出版社,2000. 86

3. 南京农学院. 土壤农化分析. 北京:农业出版社,1983. 81

实验12　植物体内硝酸还原酶活性的测定

目的意义　硝酸还原酶(nitrate reductase,NR)是植物氮代谢中十分重要的一个酶,植物从土壤中吸收硝酸盐后,首先催化植物体内的硝酸盐还原为亚硝酸盐,才能进一步转化变成有机含氮化合物。在生产中可根据植物体内硝酸还原酶的活性变化,来确定氮肥的合理用量以及植物的氮素营养状况。

一、实验原理

在酸性条件下,亚硝酸盐与重氮试剂对－氨基苯磺酸(或对－氨基苯磺酰胺)及偶联试剂 α－萘基乙烯二胺反应生成红色偶氮化合物(反应式参见实验7)。红色偶氮化合物的颜色在 2～3h 内稳定,并在 540nm 有最大吸收峰,可用分光光度法测定。

二、材料、设备及试剂

1. **材料**　水稻、小麦叶片、幼穗等。取样前宜在晴天进行,最好提前一天施用一定量的硝态氮肥。

2. **设备**　冷冻离心机、分光光度计、天平、冰箱、恒温水浴锅、研钵、具塞试管、移液管、剪刀、离心管。

3. **试剂**

(1)0.1mol·L^{-1}pH7.5 的磷酸缓冲液;0.1mol·L^{-1}KNO$_3$溶液;0.025mol·L^{-1}pH8.7 的磷酸缓冲液;

(2)亚硝酸钠标准溶液:准确称取分析纯 NaNO$_2$0.9857g 溶于无离子水后定容至 1000ml,然后再吸取 5ml 定容至 1000ml,即为含亚硝态氮的 1μg·ml^{-1} 的标准液。

(3)1% 磺胺溶液:1.0g 磺胺溶于 100ml 3mol·L^{-1}HCl 中(25ml 浓盐酸加水定容至 100ml 即为 3mol·L^{-1}HCl)。

(4)0.02% 萘基乙烯胺溶液:0.02g 萘基乙烯胺溶于 100ml 无离子水中,贮于棕色瓶中。

(5)提取缓冲液:0.1211g 半胱氨酸、0.0372gEDTA 溶于 100ml0.025mol·L^{-1}pH8.7 的磷酸缓冲液中。

(6)2mg·ml^{-1}NADH 溶液:2mg NADH 溶于 1ml 0.1mol·L^{-1}pH7.5 磷酸缓冲液中(临

用时现配)。

三、操作方法

1. 标准曲线制作

取 7 支洁净烘干的 5ml 刻度试管按下表顺序加入试剂,配成 0~2.0μg 的系列标准亚硝酸钠溶液。摇匀后在 25℃ 下保温 30min,于分光光度计上测定波长 540nm 处的吸光度(A)。以亚硝态氮(μg)为横坐标(x),吸光度值为纵坐标(y)作标准曲线。

表16 反应体系中各试剂加入量

试 剂	管 号						
	1	2	3	4	5	6	7
亚硝酸钠标准液(ml)	0	0.2	0.4	0.8	1.2	1.6	2.0
蒸馏水(ml)	2.0	1.8	1.6	1.2	0.8	0.4	0.0
1% 磺胺(ml)	4	4	4	4	4	4	4
0.02% 萘基乙烯胺(ml)	4	4	4	4	4	4	4

2. 酶的提取

称取 0.5g 鲜样,洗净剪碎于研钵中,在冰浴中加少量石英砂及 4ml 提取缓冲液,研磨成匀浆,转移于离心管中在 4℃、4000r·min^{-1} 下离心 15min,上清液即为粗酶提取液。

3. 酶促反应

取粗酶液 0.4ml 于 10ml 试管中,加入 1.2ml 0.1mol·L^{-1} KNO$_3$ 磷酸缓冲液和 0.4ml NADH 溶液,混匀,在 25℃ 水浴中保温 30min,对照不加 NADH 溶液,而以 0.4ml,0.1mol·L^{-1} pH7.5 磷酸缓冲液代替。

4. 测定

保温结束后立即加入 1ml 磺胺溶液,然后再加 1ml 萘基乙烯胺溶液,摇匀,显色 15min 后于 4000r·min^{-1} 下离心 5min,取上清液在 540nm 下比色测定吸光度(A)。根据标准曲线计算出反应液中所产生的亚硝态氮总量(μg)。

四、实验结果

$$硝酸还原酶活性(μgNO_3^- \cdot g^{-1}FW \cdot h^{-1}) = \frac{X \times V_1}{V_2 \times W \times t}$$

X:反应液酶催化产生的亚硝态氮总量(μg)

V_1:提取酶时加入的缓冲液体积(ml)

V_2:酶反应时加入的粗酶液体积(ml)

W:样品鲜重(g)

t:反应时间(h)

思 考 题

1. 测定硝酸还原氧化酶的材料为什么要提前一天施用一定量的硝态氮肥,并且取样应在晴天进行?

2. 测定方法有什么缺点? 应注意什么?

参考文献

1. 李合生. 植物生理生化实验原理和技术. 北京:高等教育出版社,2000. 125~127

2. 上海植物生理研究所. 现代植物生理学实验指南. 北京:科学出版社,1999. 152~154

实验 13 植物缺素培养

目的意义 无土栽培是研究植物矿质营养的重要方法,也是先进的栽培技术,随着农业生产水平的提高,会越来越受到重视,是先进农业生产者应该掌握的技术之一。通过对缺素症状的观察了解,不仅可以更加直观地了解矿质元素对植物生长发育的影响,还有利于解决生产实践中出现的缺素问题。

一、实验原理

植物在含有所有必需元素的平衡溶液中正常生长发育,完成世代周期。植物生长在缺少某种必需元素的溶液中,会出现专一的缺素症状。通过配制不同的缺素溶液,让植物在其中生长来观察这种症状显现。

二、材料、设备及试剂

1. **材料** 玉米、番茄、黄瓜等幼苗。

2. **设备** 培养瓶(可用约 500ml 的广口瓶、烧杯、罐头瓶等)、试剂瓶、刻度吸管、量筒、黑色蜡光纸、pH 试纸。

3. **试剂** 无离子水、KNO_3、$MgSO_4 \cdot 7H_2O$、KH_2PO_4、K_2SO_4、$CaCl_2$、$Ca(NO_3)_2 \cdot 4H_2O$、NaH_2PO_4、$NaNO_3$、Na_2SO_4、$EDTA-Na_2$、$FeSO_4 \cdot 7H_2O$、H_3BO_4、$MnCl_2 \cdot 4H_2O$、$CuSO_4 \cdot 5H_2O$、$ZnSO_4 \cdot 7H_2O$、$H_2MoO_4 \cdot H_2O$,所有试剂均用分析纯。

三、操作方法

1. 溶液配制

(1)大量元素储备液配制如下表,配好后用试剂瓶分装,贴好标签。

表 17 大量元素储备液配制表

成　　分		浓度(g·L^{-1})	成　　分	浓度(g·L^{-1})
$Ca(NO_3)_2 \cdot 4H_2O$		236	KH_2PO_4	27
KNO_3		102	K_2SO_4	88
$MgSO_4 \cdot 7H_2O$		98	$CaCl_2$	111
NaH_2PO_4		24	$NaNO_3$	170
EDTA— Fe	$EDTA-Na_2$	7.45	Na_2SO_4	21
	$FeSO_4 \cdot 7H_2O$	5.57		

（2）微量元素储备液配制如下表，分别溶解后，混合在一起，定溶到 1000ml，贴好标签。

表18　微量元素储备液配制

成　　分	浓度($g \cdot L^{-1}$)	成　　分	浓度($g \cdot L^{-1}$)
H_3BO_4	2.68	$ZnSO_4 \cdot 7H_2O$	0.22
$MnCl_2 \cdot 4H_2O$	1.81	$H_2MoO_4 \cdot H_2O$	0.09
$CuSO_4 \cdot 5H_2O$	0.08		

（3）培养液配制见下表

表19　培养液配制表

储备液 \ 处理	每100ml 培养液中储备液的用量(ml)						
	完全	缺N	缺P	缺K	缺Ca	缺Mg	缺Fe
$Ca(NO_3)2 \cdot 4H_2O$	0.5	0	0.5	0.5	0	0.5	0.5
KNO_3	0.5	0	0.5	0	0.5	0.5	0.5
$MgSO_4 \cdot 7H_2O$	0.5	0.5	0.5	0.5	0.5	0	0.5
KH_2PO_4	0.5	0.5	0	0	0.5	0.5	0.5
K_2SO_4	0	0.5	0.1	0	0	0	0
$CaCl_2$	0	0.5	0	0	0	0	0
NaH_2PO_4	0	0	0	0.5	0	0	0
$NaNO_3$	0	0	0	0.5	0.5	0	0
Na_2SO_4	0	0	0	0	0	0.5	0
EDTA—Fe	0.5	0.5	0.5	0.5	0.5	0.5	0
微量元素	0.1	0.1	0.1	0.1	0.1	0.1	0.1

2.将培养瓶用黑色蜡光纸包好，装入培养液的试剂，写好标签。

3.用泡沫塑料作培养瓶塞，在其上用打孔器打2个小孔，将玉米小苗通过其中的一小孔固定在盖上，盖上瓶盖，另一小孔作通气用。培养液的多少以淹没根系的3/4 为宜。

4.每两天观察一次，用 pH 试纸测定培养液 pH 值，保持 pH 值在 5~6。若蒸发过多，应补充水分。每7d 更换一次相应的培养液。

四、实验结果

1.观察植株生长状况(植株形态大小、长相、叶片颜色、茎秆颜色)，准确描述缺素症状。

2.记录出现缺素症的日期、部位并解释原因。

思　考　题

1.为什么有的缺素症状最先出现在老的叶片，而有的缺素症状最先出现在幼嫩的叶片？

2.溶液培养在生产实践中有哪些用途？

3.无土栽培与一般植物栽培相比较有何异同？

参考文献

山东农学院,西北农学院．植物生理学实验指导．济南:山东科学技术出版社,1980. 191 ~195

第四章 光 合 作 用

实验 14 叶绿体色素的提取和分离

目的意义 掌握提取和分离植物叶绿体色素的基本方法,理解纸层析分离叶绿体色素的原理。

一、实验原理

高等植物叶绿体含有 4 种主要的光合色素,叶绿素 a、叶绿素 b、叶黄素和胡萝卜素。这些色素不易溶于水而溶于有机溶剂,故常用酒精或丙酮提取。提取液可用纸层析方法加以分离。由于吸附剂(滤纸)对不同色素的吸附力不同,混合溶液流经滤纸时不同色素的移动速度不同。4 种色素的亲脂性大小依次为:胡萝卜素 > 叶黄素 > Chla > Chlb,故以滤纸为固定相,汽油为流动相流经滤纸时,被滤纸吸附的色素便在两相间反复分配,最终可将 4 种色素分离。据 4 种色素的不同颜色,即可分辨出它们在滤纸上的位置。

二、材料、设备与试剂

1. **材料** 新鲜植物叶片。
2. **设备** 研钵、托盘天平、漏斗、小杯(或瓶盖)、滤纸条(1.5 × 5cm)、培养皿、圆形滤纸、毛细滴管、三角瓶、剪刀等。
3. **试剂** 95% 酒精、无色汽油(或石油醚)、苯、石英砂。

三、操作方法

1. **叶绿体色素提取** 称取新鲜叶片 10g 放入研钵中,加少量石英砂和碳酸钙,加 95% 酒精 5 ~ 10ml 研磨成糊状,再加入酒精 20ml 左右,充分混匀,过滤,得到提取液。

2. **点样** 取一张色层分析滤纸,剪成圆形,直径略大于培养皿直径。如无层析滤纸,也可用圆形的定量或定性滤纸。在圆心处扎一圆形小孔。再将已准备好的滤纸条的一边,用毛细滴管吸取提取液做线形点样(或用滤纸直接蘸取提取液),要求点样少量多次,每次点样之前都应将上一次的点样风干。点出的样线要求颜色浓绿,样线宽度不超过 5 毫米。点样完成后将滤纸条裹紧成一纸捻,插入圆形滤纸的小孔中。要求点样端与圆形滤纸上面平齐,纸捻与圆形滤纸充分接触。

3. **层析** 在培养皿内放一小酒杯(或瓶盖),杯内加入适量汽油或石油醚,滴加 1 滴苯,把插有纸捻的滤纸平放在培养皿上。纸捻的有色端向上,下端浸入汽油中,迅速盖上培养皿(如图 9)。汽油借毛管引力顺纸捻扩散到圆形滤纸上,并把叶绿体色素沿着滤纸向四周推移,不久即可看到被分离的各种色素同心圆环:蓝绿色的叶绿素 a、黄绿色的叶绿素 b、黄色的叶黄素和橙黄色的胡萝卜素。待汽油将要到达滤纸边缘时,取出滤纸,任汽油挥发后,用铅笔标出各种色素的位置和名称。

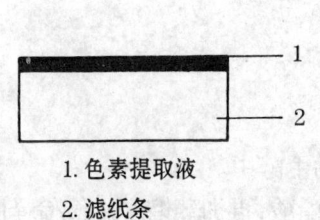

1. 色素提取液
2. 滤纸条

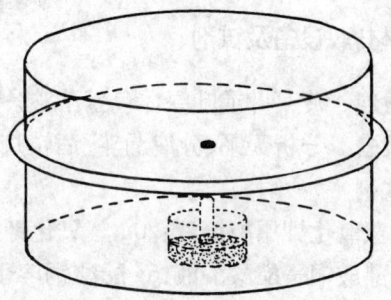

图 9　叶绿体色素纸层析分离装置

（熊庆娥绘）

四、实验结果

1. 用铅笔在滤纸上标出各个色带的边界及各色带色素的名称和色素种类。

思　考　题

1. 你在层析中得到的色素排列顺序是什么？为什么会得到这样的顺序？如果石油醚代替汽油，会得到相同的顺序吗？为什么？

2. 将滤纸的一半剪下至于强烈的阳光下，这半张滤纸上得的同心圆颜色会有什么变化？为什么？

3. 层析后色带分离清楚与否，取决于点样的好坏。你能否想出其他的方法，让点出的样线又浓又细？

参考文献

涂大正. 植物生理学. 长春：东北师范大学出版社,1989.341

实验 15　叶绿体色素理化性质鉴定

目的意义　通过实验观察，认识叶绿体色素的主要理化性质、光学性质，理解叶绿素在光合作用中的作用。

一、实验原理

叶绿素是双羧酸酯，能与碱发生皂化反应，生成可溶于水的叶绿酸盐和甲醇、叶绿醇，借此可将叶绿素和类胡萝卜素分离开。叶绿素分子中的 Mg^{2+} 可被 H^+ 取代生成褐色的去镁叶绿素。Cu^{2+} 又可与去镁叶绿素反应，生成青绿色的铜代叶绿素，铜代叶绿素性质稳定，此反应被用于植物绿色标本浸制。

叶绿素和类胡萝卜素均能吸收可见光。叶绿素吸收光能后被激发，激发态叶绿素极不稳定，在返回基态时将部分激发能以发射较长波长红光的方式释放，即产生暗红色荧光。叶绿素易发生光氧化，被强光破坏。离体叶绿素与结合蛋白质分离而失去保护，加之所吸收的

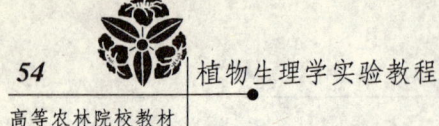

光能不能通过光合作用被转化,因而加剧了离体叶绿素的光氧化作用。

二、材料、设备及试剂

1. **材料** 菠菜叶或叶绿体色素溶液。
2. **设备** 分析天平、分液漏斗、酒精灯、试管。
3. **试剂**

(1)氢氧化钾甲醇溶液:20g 氢氧化钾溶解在 100ml 的甲醇中。

(2)醋酸铜—醋酸溶液:6g 醋酸铜溶于 100ml 50% 的醋酸,再加蒸馏水 4 倍稀释而成。

(3)其他:苯、酒精、醋酸酮、醋酸。

三、操作方法

1. **制备叶绿体色素溶液**(方法参见实验 14)

2. **叶绿素的荧光现象**

将盛有叶绿体色素提取液的容器(试管)置光线明亮处,分别从透射光面与反射光面观察溶液颜色,再将容器放置于一黑色背景前观察。记录观察到的溶液颜色。

3. **光对叶绿素的破坏作用**

(1)取两支试管,各注入经酒精稀释的叶绿体色素溶液 2ml,一管放在直射日光下,另一管放在黑暗处,1~2h 后,观察比较两支试管中溶液的颜色。

(2)取具有叶绿体色素色带(纸层析分离)的圆形滤纸一张,对裁成两半,一半放在直射日光下,另一半放在黑暗中,30min 后比较两张色谱上四种颜色各有何变化。

4. **皂化作用**(叶绿素和类胡萝卜素的分离)

(1)用刻度吸管吸取叶绿体色素提取液 5ml,放入分液漏斗,再加入 1.5ml 20% 的氢氧化钾甲醇溶液,充分摇匀,然后静置片刻。

(2)加入 5ml 苯,充分摇匀,再沿漏斗壁慢慢加入 1ml 蒸馏水,轻轻摇匀(勿激烈摇荡),静置于试管架上,可看到溶液逐渐分为二层:下层绿色,是甲醇的水溶液中溶有皂化的叶绿素;上层黄色,是苯溶液,其中溶有黄色的胡萝卜素和叶黄素。

(3)将上下两层溶液分装在两个试管中,加塞放于暗处,可以用于分析吸收光谱。

5. **取代作用**

(1)吸取叶绿体色素提取液 5ml 于试管中,加入醋酸 2ml,摇匀,观察溶液颜色变化。

(2)当溶液变成褐色后,倾出一半溶液于另一试管中,加入醋酸铜粉末少许,微微加热,观察溶液颜色变化,与未加醋酸铜的另一支试管比较。

(3)取醋酸铜-醋酸溶液 20ml 于一烧杯中,取一片小型新鲜绿叶放入烧杯溶液中,然后用酒精灯缓慢加热,随时观察并记录叶片颜色变化情况,直到颜色不再变化为止。

四、实验结果

1. 记录和分析各个步骤实验中出现的现象。

2. 比较分析在取代作用后形成的含铜的叶绿素的溶液和叶片的绿色调与反应前的含镁叶绿素的色调的不同。

思 考 题

1. 在皂化反应实验中你分离出的两层液体中,上面的一层是否带有绿色? 为什么会出现这种情况?

2. 为什么叶绿素提取液能观察到荧光现象,而植株上的叶片看不到荧光?

参考文献

涂大正. 植物生理学. 长春:东北师范大学出版社,1989.343

实验 16　叶绿素含量的测定
（分光光度法）

目的意义　叶绿素含量是反映植物光合能力及营养状况的重要指标之一,在植物生理学与栽培学的研究中常需对其进行测定。通过该实验,达到掌握叶绿素含量的测定方法,并熟练掌握分光光度计的使用方法。

一、实验原理

叶绿素 a 对红光的吸收峰为 663nm,叶绿素 b 的吸收峰为 645nm。叶绿素对光的吸收服从朗白－比尔定律,即叶绿素在此波长的吸光度(光密度 OD)与提取液中叶绿素浓度成正比。因而,可用分光光度计测定叶绿素提取液在 663nm 和 645nm 波长的吸光度,再利用 Arnon 公式计算出叶绿素 a、b 及叶绿素的总含量。

二、材料、设备和试剂

1. **材料**　新鲜植物叶片。
2. **仪器**　分光光度计、容量瓶、漏斗、研钵、玻棒、滤纸、天秤(感量百分之一)等。
3. **试剂**　80% 丙酮、$CaCO_3$、石英砂。

三、操作方法

1. **色素提取**　称取绿色叶片 0.5g 剪碎置研钵中,加少许碳酸钙、石英砂和 80% 丙酮充分研磨,过滤,滤液入 25ml 容量瓶。用 80% 丙酮反复洗涤残渣,滤纸至无绿色,合并滤液,定容。

2. **比色**　取上述提取液 1ml 稀释至 10ml,摇匀。以 80% 丙酮为参比液,在分光光度计 663nm、645nm 下测其光密度。

四、实验结果

按下列 Arnon 公式计算材料中叶绿素 a、b 及叶绿素总含量。

$$Chla \ 含量(mg \cdot g^{-1}) = (12.7OD_{663} - 2.69OD_{645}) \times \frac{V}{W \times 1000} \tag{1}$$

$$Chlb \ 含量(mg \cdot g^{-1}) = (22.9OD_{645} - 4.68OD_{663}) \times \frac{V}{W \times 1000} \tag{2}$$

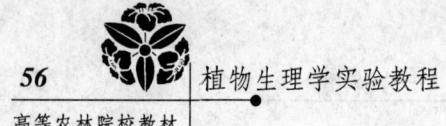

$$Chl \text{ 总含量}(mg \cdot g^{-1}) = (20.2OD_{645} + 8.02OD_{663}) \times \frac{V}{W \times 1000} \quad (3)$$

OD:测定波长下的光密度值

V:叶绿素提取液总体积(ml)(若用的稀释液,则应乘稀释倍数。)

W:材料鲜重(g)

附:叶绿体色素简便提取法

采用研磨方法提取光合色素,较费工费时,容易出现误差。为此,可采用丙酮-乙醇混合液浸提法。其方法是,将待测叶片剪碎,装入具塞刻度试管中,加入丙酮-乙醇混合液(1:1,V/V)10ml,使叶片完全浸入液体中,加盖。放入暗处,如能置于30~40℃温箱中更好。当叶片完全变白时,倾出浸提液,以丙酮-乙醇液洗涤材料及试管数次,合并提取液和洗涤液,定容后即可比色。

思　考　题

1. 叶绿素 a、b 在蓝光区也有特征吸收波长,能否用其蓝光区最大吸收波长测定上述提取液中叶绿素的含量? 为什么?

2. Chla、b 的比值在阴生植物与阳生植物间有何差别?

3. 如果叶绿素的含量以单位叶面积计算,应对本实验测定方法和计算方式作什么修改?

参考文献

1. 涂大正. 植物生理学. 东北师范大学出版社,1989.345

2. 白宝璋,汤学军主. 植物生理学测试技术. 北京:中国科学出版社,1993.38

实验 17　希尔反应

目的意义　通过对希尔反应的观察,理解作为植物光合作用原料之一的水的作用和光反应的实质,比较希尔反应与植物活体中水的光解的异同。

一、实验原理

R. Hill(1937)发现,离体叶绿体在提供特定氢受体(氧化剂)条件下照光,使水分解放氧的现象,称希尔反应,其氧化剂(如铁氰化钾或2,6-二氯酚靛酚等)被称为希尔氧化剂。

$$2H_2O + 2A \xrightarrow[\text{离体叶绿体}]{\text{光}} 2AH_2 + O_2$$

测定希尔反应的方法有两种,一是测定反应过程中氧的产生,二是测定反应系统中氧化剂(氢受体)被还原的情况。本实验采用第二种方法,希尔氧化剂采用2,6-二氯酚靛酚(2,6-D),氧化型的2,6-D呈蓝色(碱性溶液中)或红色(酸性溶液中),还原型的2,6-D无色。观察2,6-D在希尔反应中还原时的变色情况,可证明离体叶绿体对氧化剂的还原作用。如用分光光度计分时测量光密度,还能精确测定还原反应的速度。

二、材料、设备和试剂

1. **材料**　菠菜或其他植物的叶片(应比较柔软,绿色比较深)。

2. 设备　离心机、研钵、容量瓶、量筒、烧杯、漏斗、纱布、移液管、铁夹子、天平。

3. 试剂

(1)提取液:磷酸盐缓冲液 pH6.5,另加入蔗糖和 KCl,使溶液含蔗糖为 0.3mol·L^{-1},含 KCl 为 0.01mol·L^{-1}。

(2)2,6－二氯酚靛酚溶液(2,6－D):用 pH6.5 的磷酸盐缓冲液,配置成含 2,6－二氯酚靛酚 0.1%,含 KCl 为 0.01%的溶液。

以上溶液置于冰箱中保存。

三、操作方法

1. 叶绿体悬浮液的制备　用天平称取 15g 洗净并经冰箱冷冻的新鲜菠菜叶,去掉中脉并剪碎,然后放在冰浴中的研钵里,加入 10ml 预先冷冻的提取液,迅速研磨成匀浆,再加 10ml 冷冻的提取液,混匀。经过 4 层纱布过滤,挤出滤液,置于离心管中,先以 500×g 离心 1min,将上清液移至另一离心管中,弃去未被磨碎的细胞或残渣,再将上清液以 3000×g 离心 2 分钟,弃去上清液,沉淀即为离体叶绿体。随即将沉淀悬浮于少量提取液中。悬浮时可用一钝头的玻璃棒小心搅拌,使在离心管底部的叶绿体分散成悬浮液。

2. 离体叶绿体对染料的还原作用　取小试管 2 支,于每管中加入叶绿体悬浮液和 2,6－D 溶液各 5ml,摇匀。将其中一管置于阳光下,另一管置于暗处。注意在日光下的试管中溶液的颜色变化,5~10 分钟后将置于暗处的试管取出,比较两个处理的溶液颜色有何不同。

四、实验结果

记录并比较两个处理的颜色,解释实验结果。

思　考　题

1. 你知道还有哪些试剂可以作为希尔氧化剂?作为希尔氧化剂的试剂应该有什么样的特点?

2. 通过反应体系溶液光密度值变化可确定希尔反应的速度,试设计分光光度法测定希尔反应的实验。

3. 比较希尔反应与植物活体中水的光解的异同。

参考文献

李杰芬. 植物生理学. 北京:北京师范大学出版社,1988.239

实验 18　植物光合速率的测定

目的意义　光合作用是植物特有的基本功能,是作物产量形成的基础。光合速率测定是光合作用调节控制机理研究的一个重要方法,可了解植物的光合功能,诊断作物光合机构运转状况,分析栽培条件与产量形成的关系,为合适栽培条件措施的制定和高光合效率新品种的选育提供理论依据。光合作用总反应为:

$$CO_2 + H_2O \xrightarrow{\quad 光 \quad} (CH_2O) + O_2$$

光合速率可通过测定反应物 CO_2 的消耗量或任一种产物的生成量来确定,针对不同物质采用不同测定方法。一般用单位时间单位叶面积(或重量)上 CO_2 的吸收量、O_2 释放量或干重增量来表示。

Ⅰ.改良半叶法

一、实验原理

改良半叶法即干重法是将植物对称叶片的一半遮光或取下置于暗处,另一半则留在光下进行光合作用;过一定时间后,测定比较两半叶对称部位的叶重。因处理前对称叶片的等面积对应部位的干重相等,照光后的叶片重量超过暗处理的叶重,其超过部分即为光合作用积累干物质的重量。根据测定叶面积、光合时间和干重增量即可计算净光合速率。此法光合作用进行不离体,故适于田间光合速率测定。

二、材料、设备及试剂

1. **材料**　田间生长正常的植株。

2. **仪器药品**　剪刀、分析天平、称量瓶、烘箱、刀片、金属模板或硬塑料叶模、锡纸、塑料袋(盒)。

3. **试剂**　5%三氯乙酸。

三、操作方法

1. **选择测定材料**　在田间选定有代表性植株叶片(如叶片在植株上的部位,叶龄、受光条件等)10~20张,用小纸牌编号。

2. **叶片基部处理**　为了阻止叶片中光合作用产物外运,确保测定结果的准确性,选择下列方法对叶片基部进行处理。

(1)环割:能将叶柄韧皮部破坏,阻止光合产物外运。对棉花等双子叶植物的叶片可用刀片将叶柄的外表环割0.5厘米左右宽。

(2)烫伤:小麦、水稻等单子叶植物,由于韧皮部和木质部难以分开处理,可用刚在开水中浸过的纱布或棉花将叶子基部烫伤一小段。一般用90℃以上的开水烫20秒钟。

(3)化学环割:由于许多植物叶柄木质化程度低,叶柄易被折断,用开水烫难以掌握合适的烫伤程度,烫得不够或烫得过度均影响测定结果。因此,可采用化学方法"环割"。即将三氯乙酸(一种强烈的蛋白质沉淀剂)点涂叶柄,待渗入叶柄后可将筛管生活细胞杀死,而起到阻止光合产物运输的作用。三氯乙酸的浓度,视叶柄的幼嫩程度而异,以能明显灼伤叶柄而不影响水分供应,不改变叶片角度为宜。一般使用5%三氯乙酸。

为了使烫后或环割等处理后的叶片不致下垂影响叶片的自然生长角度,可用锡纸或塑料管包围之,使叶片保持原来着生角度。

3. **剪取样品**　叶基部处理完毕后,记录时间并开始进行光合作用测定。按编号依次剪下每片处理称叶片的一半(主脉不剪下),按编号顺序夹于湿润的纱布中,贮于暗处。过4~

5h 后,再依次剪下另外半叶,同样按编号夹于湿润的纱布中带回室内。两次剪叶的速度尽量保持一致,使各叶片经历相同的光照时数。

4. **称重比较** 将各同号叶片之两半按对应部份迭在一起,在无粗叶脉处放上叶模(如棉花可用 $1.5 \times 2cm$,小麦可用 $0.5 \times 4cm$),用刀片沿边切下两个叶块,分别置于标有"光"、"暗"的两个称量瓶中。在 $80 \sim 90℃$ 下烘至恒重(约 5h)在分析天平上称重比较。

四、实验结果

据"光"与"暗"等面积叶片干重差、叶面积(dm^2)、和照光时间(h),计算光合速率。计算公式如下:

$$净光合速率(mgDW \cdot dm^{-2} \cdot h^{-1}) = \frac{\Delta W}{S \times t}$$

ΔW:干重增加量(mg)

S:切取叶面积总和(dm^2)

t:光照时间(h)

* 叶片贮存的光合物一般为蔗糖和淀粉,可将干物质重量乘系数 1.5,折算成二氧化碳同化量,则光合速率单位为 $mg\ CO_2 \cdot dm^{-2} \cdot h^{-1}$。

Ⅱ. GH - Ⅲ型光合仪测定法(pH 法)

一、实验原理

GH - Ⅲ型光合仪是由高精度、小量程的专用 pH 计和具有采样功能的气路系统组成。其工作原理是,在一定的温度条件下,一定浓度的碳酸氢钠溶液的 pH 值随溶解在溶液中的二氧化碳的量而改变。碳酸氢钠溶液或吸收或放出 CO_2,与空气中的 CO_2 浓度保持着平衡的关系。当空气中 CO_2 减少时,溶液中 CO_2 也减少,而 OH^- 增加、pH 值提高。

空气　CO_2

$\uparrow\downarrow$

溶液　$CO_2 + H_2O \Longleftrightarrow H_2CO_3$

$NaHCO_3 \Longrightarrow Na^+ HCO_3^- \Longleftrightarrow H^+ + CO_3^{2-}$

$H_2O \Longleftrightarrow OH^- + H^+$

用 pH 计测定溶液 pH 的变化便可推算流经溶液的空气中 CO_2 含量变化。将光合室与仪器的气路相连,测定植物光合作用前后空气中 CO_2 含量的变化,即可计算出光合速率。

二、材料、设备及试剂

1. **材料** 各种植物的叶片(离体或不离体)。

2. **设备** GH - Ⅲ型光合仪、叶室、碘钨灯、叶面积测定仪(或其他测量工具)等。

3. **试剂**

(1)重碳酸盐溶液 称取 0.084gNaHCO₂ 和 7.38gKCl 溶于水,定容至 100ml,装入棕色试剂瓶备用。

(2)不同 pH 硼酸 - 硼砂缓冲液的配制,参见附录四(表7)。

三、操作方法

1. 使用前一天,将玻璃电极浸泡于蒸馏水中备用。

2. 按图10安装仪器,连接气路,接通电源。仪器主要分四部分:同化室(叶室)、U形电极槽、高精度pH计和气流控制系统。

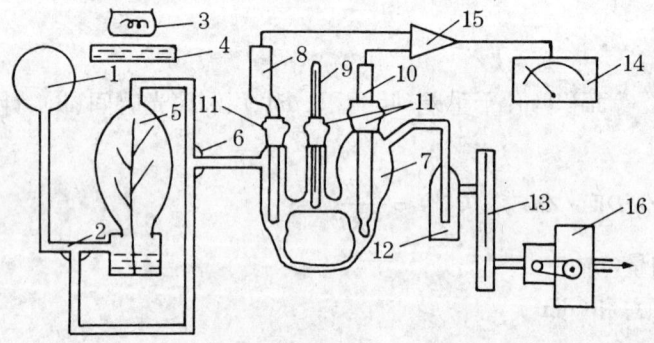

图10 GH－Ⅲ型光合仪的构造与气路图

(引自GH－Ⅲ型光合仪说明书)

1. 气源 2. 三通 3. 光源 4. 隔热水槽 5. 叶室 6. 三通 7. 电极槽 8. 甘汞电极
9. 温度计 10. 玻璃电极 11. 橡皮套 12. 缓冲瓶 13. 流量计 14、15. 电位计 16. 抽水泵

2. 仪器定位

(1)打开电源开关,调节零调电位器,使仪器指针指零(即pH 7.7)。

(2)将已经浸泡过的玻璃电极、甘汞电极、温度计用蒸馏水冲洗并擦干,插入已知的标准pH值的硼酸－硼砂缓冲液中,稍稍摇动烧杯使之均匀。调节温度旋钮,使指标值与溶液温度相同。

(3)按下读数开关,转动一个角度,使之保持在按下的位置。调节定位旋钮,使指针指示在该缓冲溶液的pH值处,放开读数开关,指针仍回到7.7处。反复定位数次,稳定后,定位旋钮不得再转动!否则需重新定位。

3. 测量

(1)用重碳酸盐溶液冲洗电极槽后,将重碳酸溶液加至电极槽的连通部位(约5ml左右)。

(2)将甘汞电极与温度计清洗处理后,分别插入U型电极槽,并与pH计电极相连。此时不可将读数开关按下。

(3)打开对照(空气)的气路仪器采样开关。根据被测样品面积大小,调整气体流量达到预定要求(一般30cm²叶面积,采用流量1L·min⁻¹左右)。注意检查气路,保证畅通,没有漏气现象。

(4)经过3~5min,按下读数开关,待指针稳定后,记录pH值和液温,此为气源中二氧化碳(对照)的读数,记录后放开读数开关。

(5)转动三通开关,接通气源与叶室气路。按下读数开关,经3~5min,可观察到指针迅速上升,待指针稳定后(即叶室气流中二氧化碳和试液二氧化碳分压平衡时),记录pH值液温,此为被测样品读数值。

(6)若将叶室套上黑罩,用同样方法测试,则可看到指针向相反方向偏转,说明叶片因呼吸作用放出二氧化碳。待平衡后,记录 pH 值和温度。根据空白和样品所测得的 pH 值及其对应温度,在附表中查出 CO_2 浓度($mg \cdot L^{-1}$),所有数据,列入记录表(见附表)。

注意事项:a.每次读数前都须放开读数开关,调准零位;b.根据电极槽中液体的温度,调节仪器温度旋钮,使所指示的数值与试液温度相同。

四、实验结果

按以下公式即可计算所测样品的光合速率。

$$净光合速率(mgCO_2 \cdot dm^{-2} \cdot h^{-1}) = \frac{(C_1 - C_2) \cdot f}{L} \times 100$$

C_1:标准气(空气)CO_2 浓度($mg \cdot L^{-1}$)

C_2:空气经叶室后的 CO_2 浓度($mg \cdot L^{-1}$)

f:气体流速($L \cdot h^{-1}$),由流量计读数($L \cdot min^{-1}$)×60 后的值

L:叶面积(cm^2),×100 后即为 dm^2;也可用叶重量(g)计算。

注:若用 GH–Ⅲ型光合仪测呼吸强度,计算公式同上,但应以空气流经呼吸室后的 CO_2 浓度(C_3)减原空气中 CO_2 浓度(C_1)。

表20　光合强度测定记录表　　　　　　　日期:

叶位	空　白				样　叶					ΔCO_2
	流量	液温	pH	[CO_2]	面积	流量	液温	pH	[CO_2]	($mg \cdot L^{-1}$)
	($L \cdot min^{-1}$)	(℃)		($mg \cdot L^{-1}$)	(cm^2)	($L \cdot min^{-1}$)	(℃)		($mg \cdot L^{-1}$)	

思　考　题

1. 试比较改良半叶法、pH 法、红外线气体分析法等光合速率测定方法的优缺点。
2. 是否可通过光合作用的另一个原料水的变化测定光合速率? 为什么?

参考文献

1. 涂大正. 植物生理学. 长春:东北师范大学,1996.349～352

2. GH–Ⅲ型光合测定仪使用说明书.

3. 熊庆娥. 植物生理实验(研究生用,内部资料). 1999.10～14

实验19　测定叶面积的简易方法

目的意义　研究植物光合作用、生长发育以及栽培措施的生理效应时,常需测定植物叶

面积。采用自动叶面积测定仪能快速、精确地进行测定,但通常叶面积测定仪价格较昂贵,因而它的应用受到一定制约。这里介绍几种简单易行的测定叶面积的方法可供选择使用。

Ⅰ. 称重法(裁剪重量法)

一、实验原理

厚薄均匀的纸,其面积与重量有恒定的数量关系。用这种纸按待测叶的形状和大小裁剪成叶型纸样,称其纸样重量就可计算出纸样面积,即叶片面积。

二、材料、设备及试剂

1. **材料** 各种植物叶片。
2. **设备** 硫酸纸(或其他质地均一的描图纸)、铅笔、剪刀、天平(感量 0.0001g 或 0.001g)。

三、操作方法

1. 将硫酸纸(或描图纸)裁成边长 10cm 的正方形,面积为 100cm² 。取待测叶数片,平展于纸上,沿叶片边缘用铅笔绘出叶样。也可用复印机印出叶片形状。
2. 按图剪下叶形纸样。
3. 在天平上分别称量叶形纸样重(W_1)和剩余纸重(W_2)。

四、实验结果

$$S_p(cm^2 \cdot g^{-1}) = \frac{100}{W_1 + W_2} \qquad\qquad (1\text{式})$$

$$叶面积(cm^2) = A \times W_1 \qquad\qquad (2\text{式})$$

S_p:单位重量纸的面积($cm^2 \cdot g^{-1}$)

W_1:叶形纸样重(g)

W_2:剩余纸重(g)

注:测定 S_p 值后,若再测叶面积时,只需称量叶形纸样重,乘 A 即为叶面积。

Ⅱ. 系　数　法

一、实验原理

一种植物不同部位的叶片面积不同,但每片叶的面积与其长度和宽度的乘积($l \times w$)有一定比例关系,可用 $S = kab$ 表示。准确测定出一定数量叶片的面积和长度、宽度,就可计算出折算系数 K。据此,对田间植株上的叶片就可不离体测定其长宽度,而计算出叶面积。这一方法简便,不破坏材料,可操作性强。但是此法仅适用于条形、线性叶的测定,而不是适合其他形状叶片的测定。

二、材料、设备与试剂

1. **材料** 小麦、水稻、玉米等植株。

2. **设备**　求积仪或坐标纸、直尺、铅笔。

三、操作方法

1. 取不同部位代表性叶片 20～30 片,逐一测定其长度(l)和宽度(w)。并用求积仪或坐标纸准确测出各叶的面积(S)。

$$K = \frac{S_1 + S_2 + \cdots + S_n}{l_1 w_1 + l_2 w_2 + \cdots + l_n w_n}$$

2. 计算折算系数 K　各叶片长宽乘积之和与总面积之比值即 K。
3. 样品测定　在田间植株上随机测量 5 片叶的长、宽度,用 S = klw 计算各叶面积。

Ⅲ. 透明方格法

采用透明坐标纸或有机玻璃制成的透明方格板,测定叶片面积是一种既简便又准确的方法。其操作方法是把待测叶平展于桌面,将透明坐标纸或方格板覆盖在叶片上,用计数器数出叶片大小方格数,累计出叶面积。所需工具就是透明坐标纸(或方格板)与计数器。

这一方法不足之处是测定速度较慢,且只能进行离体叶片测定。

思 考 题

1. 试比较上述 3 种叶面积测定方法的误差来源与实用性。
2. 在生产上最常用到的是系数法,这种方法的优点是什么? 如何减少这种方法的误差?

参考文献

1. 村田吉男,玖村敦彦,石井龙一(吴饶鹏译). 作物的光合作用与生态. 上海:上海科技出版社,1982. 256～257
2. 鲍雨林,刘权. 柑橘叶面积快速测定方法. 中国柑橘,1983. 1:16～19

实验20　Rubisco 的纯化与活力测定

目的意义　Rubisco(核酮糖 1,5 - 二磷酸羧化酶/加氧酶)是植物叶片中最丰富的蛋白质,总量占叶绿体可溶蛋白质的 50%～60%,它具有羧化和加氧两种催化特性,是光合作用中重要的调节酶,主要受到光照的调节。测定 Rubisco 活性有利于研究植物的光合生理特性。

一、实验原理

利用紫外分光光度法测定 Rubisco 活性,其原理是,在 Rubisco 作用下产生的 PGA(3 - 磷酸甘油酸)继续反应,引起辅酶的氧化还原变化,通过紫外分光光度计测定其辅酶在 340nm 下 OD 值的变化,以每 1min 内 OD 值变化计算酶活力。

二、材料、设备及试剂

1. **材料**　新鲜菠菜叶片。

2. **设备** 紫外分光光度计、冷冻离心机、蠕动泵、部分收集器、恒温水浴锅、移液管

3. **试剂**

(1)0.5mol·L⁻¹磷酸缓冲液,内含 1mmol·L⁻¹EDTA 和 5mmol·L⁻¹巯基乙醇,pH7.4。

(2)50mmol·L⁻¹磷酸缓冲液,内含 0.1mmol·L⁻¹EDTA 和 10mmol·L⁻¹巯基乙醇, pH7.4。

(3)5mmol·L⁻¹和 500mmol·L⁻¹磷酸缓冲液,内含 0.1mmol·L⁻¹EDTA 和 10mmol·L⁻¹巯基乙醇,pH7.4。

(4)100mmol·L⁻¹Tris–HCl 缓冲液,内含 0.1mmol·L⁻¹EDTA 和 10mmol·L⁻¹巯基乙醇,pH7.8。

(5)3mmol·L⁻¹、(6)NADH、(7)5mmol·L⁻¹ATP、(8)100mmol·L⁻¹和 200mmol·L⁻¹ NaHCO₃、(9)100mmol·L⁻¹MgCl₂、(10)75mmol·L⁻¹磷酸肌醇、(11)0.5mol·L⁻¹Tris–HCl (pH7.8)、(12)2.7mmol·L⁻¹EDTA、(13)肌醇磷酸激酶、(14)磷酸甘油酸激酶、(15)磷酸甘油醛脱氢酶、(16)固体硫酸铵、(17)37.5mmol·L⁻¹RuBP、(18)1mol·L⁻¹和 6mol·L⁻¹ HCl、(19)Sephadex G–50。

三、操作方法

1. **酶的提取和纯化**(全过程在 4℃下进行)

(1)酶粗提液制备 取洗净、去除中脉的新鲜菠菜叶 250g,加入 250ml 0.5mol·L⁻¹磷酸缓冲液,匀浆器高速档匀浆 4 次,每次 20 秒钟。四层纱布过滤,用 1mol·L⁻¹HCl 调滤液 pH 至 6.8,迅速升温至 50℃,保温 10min,立即冷却至 5℃,10000×g 离心 20min,收集上清液即是酶粗提液。

(2)硫酸铵分级分离 粗提液中加入固体硫酸铵达到 35% 饱和度(19.4/100ml),冰箱静置 3h,20000×g 离心 10min,弃沉淀,上清液再慢慢加入固体硫酸铵达到 45% 饱和度 (5.7/100ml),冰箱静置过夜,次日 20000×g 离心 10min,弃上清液。沉淀溶于少量 50mmol ·L⁻¹磷酸缓冲液中。离心除去不溶物,收集上清液。

(3)Sephadex G–50 凝胶过滤 上述溶液用 Sephadex G–50 柱过滤,用 50mmol·L⁻¹磷酸缓冲液洗脱,合并洗脱液,慢慢加入固体硫酸铵达 0.45 饱和度,冰箱中过夜,次日 20000×g 离心 20min,沉淀溶于 50mmol·L⁻¹磷酸缓冲液中,离心除去不溶物,得透明酶液。

2. **酶活力测定**

反应体系总体积为 1.8ml,加入试剂和酶液量见表 21。以不含酶提液的反应体系作空白调零,在 25℃下预温 10min,加入 3.75μ mol RuBP,开始计时,在 340nm 下每 30 秒钟测定一次 OD 值。

四、实验结果

$$酶活力(\mu molco_2 \cdot min^{-1} g^{-1} FW) = \frac{\Delta OD \times V_1 \times 1.8 \times 4 \times D}{6.22 \times V_2 \times d}$$

ΔOD:反应 1min 钟内 OD 值的变化量

V_1:每克鲜重植物提取酶液的总体积(ml)

1.8:测定混合液总体积(ml)

4：每分子 CO_2 固定时 NADH 氧化的分子数

6.22：NADH 在 340nm 处的消光系数（$ml \cdot \mu mol^{-1}$）

V_2：测定时的酶液用量（ml）

D：稀释倍数

d：比色杯光程（cm）

表 21　酶活力测定的体系中各试剂用量和最终含量

试　　剂	用量（ml）	最终含量（μ mol）
$100mmol \cdot L^{-1}$ Tris – HCl 缓冲液	0.9	90
$100mmol \cdot L^{-1}$ $MgCl_2$	0.1	10
$2.7mmol \cdot L^{-1}$ EDTA	0.1	0.36
$5mmol \cdot L^{-1}$ ATP	0.1	5
$3mmol \cdot L^{-1}$ NADH	0.1	0.3
$75mmol \cdot L^{-1}$ 磷酸肌醇	0.1	7.5
$200mmol \cdot L^{-1}$ $NaHCO_3$	0.1	20
肌醇磷酸激酶（4u）、磷酸甘油酸激酶（16u）和磷酸甘油醛脱氢酶（10u）	0.1	过量
Rubisco 提液	0.1	待测
$37.5mmol \cdot L^{-1}$ RuBP	0.1	3.75

思　考　题

1. 为什么要在酶反应液中加入 $MgCl_2$？

2. 为什么要在酶提取过程中用含有巯基乙醇的缓冲溶液？

参考文献

1. 张志良, 吴光耀. 植物生物化学技术与方法. 北京: 农业出版社, 1986, 1 ~ 8

实验 21　磷酸烯醇式丙酮酸羧化酶活性的测定

目的意义　磷酸烯醇式丙酮酸羧化酶（phosphoenolpyruvate carboxylase PEPC）广泛存在于植物的根、茎、叶、果实等器官中, 催化 PEP 不可逆羧化反应, 形成草酰乙酸。在植物叶片中此酶固定 CO_2 而参与光合 C_4 循环, 是光合 C_4 途径的关键酶。在呼吸代谢及 C_4 植物的光合特性研究中常测定此酶的活性。

一、实验原理

PEP 羧化酶在 Mg^{2+} 存在时, 催化 PEP 和 HCO_3^- 形成草酰乙酸, 而草酰乙酸在还原型辅酶Ⅰ(NADH)及苹果酸脱氢酶(或谷胱甘肽)存在下生成苹果酸与辅酶Ⅰ(NAD),由于还原型辅酶Ⅰ(NADH)在340nm有最大吸收峰,通过紫外分光光度计测定其反应前后反应液在340nm波长的吸光度,即可知NAD形成的速度,以A_{340}值下降0.01作为一个酶活单位。

$$CO_2 + PEP \xrightarrow{PEPC} OAA + HPO_4^- \tag{1}$$

$$OAA + NADH \xrightarrow{苹果酸脱氢酶} 苹果酸 + NAD^+ \tag{2}$$

三、材料、设备与试剂

1. **材料**　玉米、高粱、甘蔗叶片
2. **设备**　紫外分光光度计、低温高速离心机
3. **试剂**

(1)提取缓冲液:200mmol·L^{-1}Tris – HCl缓冲液(pH8.2),含10mmol·L^{-1}异抗坏血酸,0.1% TritonX – 100。

(2)酶反应缓冲液:200mmol·L^{-1}Tris – HCl缓冲液(pH8.5)

(3)其他:20mmol·$L^{-1}$$MgCl_2$、100mmol·$L^{-1}$$KHCO_3$、1.5mmol·$L^{-1}$NADH、40mmol·$L^{-1}$PEP、50mmol·$L^{-1}$GSH

三、操作方法

1. **酶的提取**　酶的提取在4℃条件下进行。叶片洗净,擦干,按1∶4(W/V)比例加提取缓冲液,研磨,研磨液在4000×g下离心20min,上清液即为酶的粗提取液。(若材料酶含量高,酶粗提取液即可进行酶活性测定;若含量少,则需进行酶的纯化,上清液以硫酸铵分部沉淀,收集30%~50%饱和度的硫酸铵的沉淀物,在悬浮于小体积的提取缓冲液中。)

2. **酶活性的测定**　室温测定,测定系统含40mmol·L^{-1}Tris – HCl缓冲液(pH8.5),10mmol·$L^{-1}$$KHCO_3$,2mmol·$L^{-1}$$MgCl_2$,0.5mmol·$L^{-1}$GSH,0.15mmol·$L^{-1}$NADH和适量的酶液,总体积为1ml,反应加入PEP启动,测定在340nm处的光密度(OD)值的变化。

3. **测定植物材料中可溶性蛋白含量**(参见实验28)

四、实验结果

$$PEPC 酶比活力(u \cdot g^{-1}FW) = \frac{\Delta A \cdot V_1 D}{0.01\Delta t \cdot V_2 W}$$

u:酶活单位(0.01A_{340}·min^{-1})

ΔA:1min内吸光度的变化值

V_1:测定用酶液体积(ml)

V_2:1g鲜重材料提取酶液总体积(ml)

D:稀释倍数

Δt:测定时间(1min)

W:每克鲜重材料中可溶性蛋白含量(mg)

思　考　题

1. 在反应体系中加入 GSH 的作用是什么?
2. 酶活力与酶比活力有什么不同? 如何计算 PEPC 活力?

参考文献

1. 李双顺,林植芳,孙谷畴等. 番木瓜不同叶位中 PEP 羧化酶、苹果酸脱氢酶和苹果酸酶活性的变化. 植物生理学通讯,1986(2):20~22

2. Masashi Hirai and Isamu Ueno. Development of citrus fruits: Fruit development and enzymatic changes in juice vesicle tissue. Plant & Cell Physiol. ,1977,18:791~799

3. 查静娟,吴敏贤,施教耐. 高粱叶片磷酸烯醇式丙酮酸羧化酶的分离和纯化. 植物生理学报,1983,9(1):23~29

4. 中国科学院上海植物生理研究所,上海植物生理学会. 现代植物生理学实验指南. 北京:科学出版社,1999. 120~121

第五章 呼 吸 作 用

实验22 植物呼吸速率的测定

目的意义 呼吸速率,是植物生命活动最重要的指标之一,在植物生理研究及生产实践中都有测定必要。本实验学习几种测定呼吸强度的方法,并了解环境条件对呼吸强度的影响。

Ⅰ. 广口瓶法(小筐子法)

一、实验原理

植物进行呼吸时放出的 CO_2,用 $Ba(OH)_2$ 溶液吸收,再用草酸滴定剩余的 $Ba(OH)_2$,由空白和样品两者消耗草酸之差,便可计算出呼吸放出的 CO_2 量。测定一定量的植物材料在单位时间内放出的 CO_2 量,即是该植物材料的呼吸强度。有关反应式如下:

$$CH_2O + O_2 \longrightarrow CO_2 + H_2O$$
$$Ba(OH)_2 + CO_2 \longrightarrow BaCO_3 \downarrow + H_2O$$
$$Ba(OH)_2 + H_2C_2O_4 \longrightarrow BaC_2O_4 \downarrow + 2H_2O$$

二、材料、设备及试剂

1. **材料** 发芽的小麦或水稻种子。

2. **设备** 广口瓶呼吸装置(如图11),酸式滴定管、铁柱台、滴定夹、20ml 大肚移液管、塑料膜、天平等。

3. **试剂**

(1)0.05mol · L^{-1}氢氧化钡溶液 称取 $Ba(OH)_2$ 8.6g 或 $Ba(OH)_2 \cdot 8H_2O$ 15.77g,溶于 1000ml 蒸馏水中,定容至刻度。

(2)1/44mol · L^{-1}草酸溶液 称取 $H_2C_2O_4 \cdot 2H_2O$ 2.8636g 溶于 1000ml 蒸馏水中,定容至刻度。

(3)1% 酚酞指示剂

三、操作方法

1. **空白测定** 在广口瓶中准确加入 $Ba(OH)_2$(0.05mol · L^{-1})溶液 20ml,立即用塑料膜和橡筋将瓶口盖上扎紧,充分摇动 2min。从

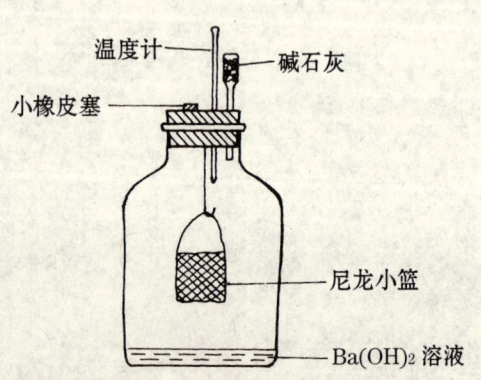

图11 小筐子法测呼吸装置示意图
(引自涂大正.1996)

塑料膜中央小孔滴加 2 滴酚酞。用 $1/44mol \cdot L^{-1}$ 草酸滴定至红色刚刚消失为止记下草酸用量 $V_1(ml)$。

2. **样品测定**　倒出废液,将瓶洗净。称取发芽种子 5～10g 装入小筐中。向瓶中准确加入 20ml $Ba(OH)_2$ 溶液,立即盖紧橡皮塞,记录时间,放置 30min(其间轻摇数次,使溶液表面的 $BaCO_3$ 膜破坏,便于 CO_2 的充分吸收。准确作用 30min 后,开塞,立即用塑料膜和橡皮筋将瓶口盖紧,从塑料膜小孔滴加 2 滴酚酞指示剂,用草酸滴定方法同上,记录草酸用量 V_2(ml)。

3. 在不同温度条件下测定,比较温度对材料呼吸的影响。

四、实验结果

V_1:空白滴定值(ml)

$$呼吸强度(mgCO_2 \cdot g^{-1} \cdot h^{-1}) = \frac{(V_1 - V_2) \times C \times 44}{W \times t}$$

V_2:样品滴定值(ml)

W:材料鲜重(g)

t:测定时间(h)

C:草酸的浓度($mmol \cdot ml^{-1}$)

44:CO_2 毫摩尔质量($mg \cdot mmol^{-1}$)

注意事项:操作中防止口中呼出的气体进入瓶内;两次滴定速度尽量一致。

Ⅱ. 红外线 CO_2 分析法

一、实验原理

利用红外线 CO_2 分析仪,测定呼吸作用释放的 CO_2,则可计算出材料的呼吸强度。此法原理参考第一章第八节。

二、材料、设备及试剂

1. **材料**　植物叶片(玉米、水稻、小麦等);各种果实、马铃薯等。
2. **设备**　红外线气体分析仪、真空干燥器(或呼吸瓶)、叶室(黑纸遮光)、天平等。

三、操作方法

1. **植物材料的准备**　果实、块根(茎)、种子不必处理,可直接测定。若测定叶片呼吸,按下面步骤操作。从田间取植株,尽量不伤根系,连土取出,并置于有水的桶内带回室内测定,若植株大,可剪取枝条,枝条剪下后应立即插入盛水的容器中,保持叶片挺立姿态,带回备用。测定前剪去多余的叶片,用湿纱布轻轻擦净待测叶片。

2. **呼吸强度测定**
(1)仪器预热、调零点。
(2)将材料放入呼吸室,呼吸室视测定材料而定,叶片应采用叶室,果实、块根、块茎则以真空干燥器或广口瓶作呼吸室。再将叶室或呼吸室与 CO_2 分析仪相连,打开气路,通过自

动记录仪记录 CO_2 浓度变化或据表头读数作记录。

（3）测定叶面积或材料重量。

四、实验结果

材料的呼吸强度 $(mgCO_2 \cdot dm^{-2} \cdot h^{-1}) = \dfrac{f \times \Delta CO_2 \times m}{S(\text{或} W)}$

f：气体流量 $(L \cdot h^{-1})$

ΔCO_2：两次测量 CO_2 浓度差 $(ml \cdot L^{-1})$

m：为计算所得 1ml CO_2 的质量 $(mg \cdot ml^{-1})$

S：测定面积 (dm^2)

W：材料重量 (g)

Ⅲ. 氧电极法

一、实验原理

氧电极用于测定呼吸作用吸收 O_2 的量，也可用来测定光合放氧量。氧电极是由嵌在绝缘棒上的铂线（负极）和银丝（正极）组成，以 KCl 溶液作为电解质将两极连成一对电极。两极间有一环形凹槽（可装 1 滴 KCl 溶液），电极头覆盖一层厚 $15 \sim 20 \mu m$ 的聚乙烯薄膜，并用 O 形圈固定封闭，这层膜只允许 O_2 自由扩散，起着隔离反应介质与电极的作用。见图 12。

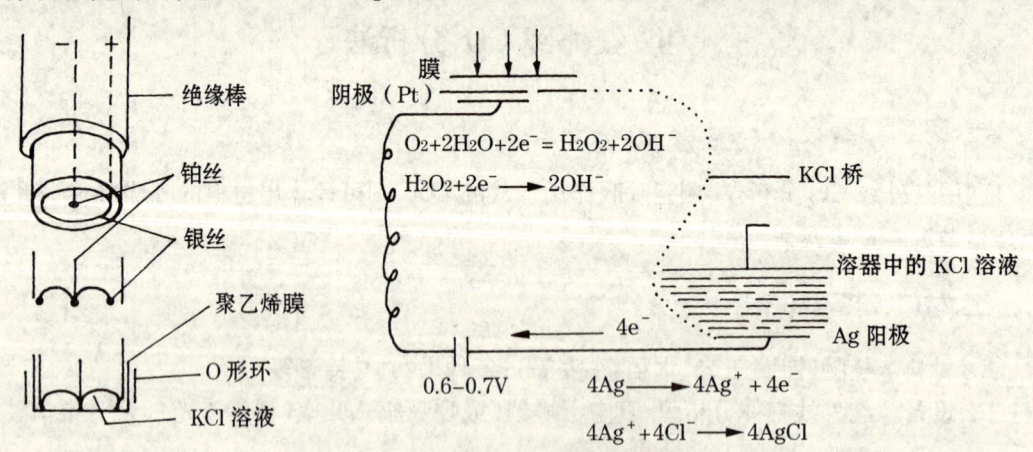

图 12　氧电极结构及反应示意图

（引自白宝璋，汤学军. 1993）

当给两极加上 0.7V 的极化电压时，通过聚乙烯薄膜扩散进去的 O_2 在铂线表面被还原，产生扩散电流，从银极流向铂极，电流的强弱与溶液中的含 O_2 高低成正比。氧电极输出的电信号通过与电极控制器连接的记录仪记录并转换为 O_2 的变化量。

氧电极法灵敏度高，操作简便，可连续测定水溶液中溶 O_2 量及其变化过程。但只适于小型样品，并且要破碎测定材料。

二、材料、设备及试剂

1. **材料**　各种植物的绿色叶片或其他生活组织

2. **设备**　氧电极、反应杯(双层玻璃制成,内层容积 1～2ml)、超级恒温水浴(提供恒温水流)、电磁搅拌器、电极控制仪、自动记录仪(满刻度量程应在 10mv 以下)、500W 卤钨灯(需加短焦矩透镜聚光)、橡皮塞(制成圆套状,开孔套在电极头上)、聚乙烯薄膜(15～20μm 厚)、降温玻璃方缸,真空干燥器。

3. **试剂**

0.5mol·L^{-1}KCl 溶液、Na_2SO_3饱和溶液、20m mol·L^{-1}NaHCO_3 溶液。

三、操作方法

1. 安装测氧装置(如图 13)。

2. 将洗净的反应杯加满蒸馏水搅拌平衡10min,调节移位旋钮,使记录仪指针在 80～90 格处,待指针划出的基线稳定。

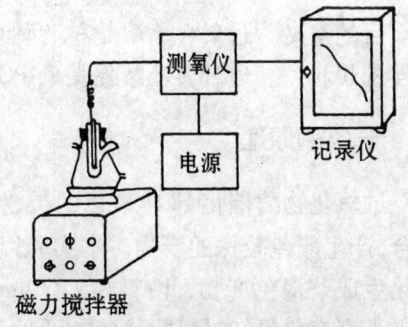

3. 取 1cm² 的叶片切成均匀的 9 小块,放入反应杯内。将电极插入反应杯,电极下不得有气泡。材料为绿色组织时要用黑布遮盖反应杯,以阻止光合作用对测定的干扰。

图13　测氧仪装置示意图
(引自华东师范大学生物系植物生理教研组.1983)

4. 开动电磁搅拌器,放下记录笔(划出记录起始位置),由于材料呼吸耗 O_2 使记录向左移动。经 3～5min 后,取斜率一致的一段,按电记录笔所移动的格数和相应的时间呼吸耗氧量。

四、实验结果

$$呼吸速率(\mu molCO_2 \cdot dm^{-2} \cdot h^{-1}) = \frac{C \cdot N}{S \cdot t}$$

C:记录纸每小格代表的含 O_2量(μmol);

N:记录笔向左移动的小格数;

S:被测叶面积(dm^2)或材料重(g);

t:测定时间(h)

注意事项:

1. 测定温度应与灵敏度标定的温度一致。

2. 如叶片表面覆盖有绒毛或腊质,应预先在水中进行真空渗入,以免表面附有气泡。

思　考　题

1. 你能否根据小筐子法的测定原理,将装置改造成测定大型植物材料(果实、块根茎)的呼吸速率的装置?

2. 如何避免或减少小筐子法的测定误差?

3. 试比较氧电极法和小筐子法测植物呼吸强度的优缺点。

参考文献

1. 白宝璋. 植物生理学测试技术. 北京:中国科学技术出版社. 1993,48
2. 王西瑶,叶珍,熊庆娥等. 植物生理学实验指导(内部资料). 1993,15~16

实验 23 过氧化物酶活性的测定
(愈创木酚法)

目的意义 过氧化物酶是植物体内重要的呼吸酶类,其活性高低与酚类物质代谢、植物抗性密切相关。通过实验掌握提取 POD 和测定其活性的方法及其原理。

一、实验原理

过氧化物酶催化 H_2O_2 氧化酚类,生成醌类化合物,此化合物进一步缩合或与其他分子缩合,产生颜色较深的产物。本实验以愈创木酚为底物,过氧化物酶催化 H_2O_2 将愈创木酚氧化生成茶褐色产物,此产物在 470nm 波长处有最大吸收峰,故可通过测定 470nm 波长下的吸光度变化得知过氧化物酶的活性。

三、材料、设备和试剂

1. **材料** 马铃薯或小麦芽、未成熟的苹果、新鲜茶叶等。
2. **设备** 721 型分光光度计、离心机、秒表(或手表)、天平、研钵、磁力搅拌器。
3. **试剂** 愈创木酚、30% 过氧化氢、$20m\ mol \cdot L^{-1} KH_2PO_4$、$100m\ mol \cdot L^{-1}$ 磷酸缓冲液(pH6.0)。

反应混合液配制 取 $100m\ mol \cdot L^{-1}$ 磷酸缓冲液(pH6.0)50ml 于烧杯中,加入愈创木酚 $28\mu l$,于磁力搅拌器上加热搅拌,直至愈创木酚完全溶解,待溶液冷却后,加入 30% 过氧化氢 $19\mu l$,混合均匀,保存于冰箱中。

三、操作方法

1. **酶液制备** 称取植物材料 1g,加入 $20m\ mol \cdot L^{-1} KH_2PO_4$ 溶液 5ml,于研钵中研磨成匀浆,在 $3000r \cdot min^{-1}$ 下离心 10min,上清液转入 25ml 容量瓶中,残渣再用 5ml KH_2PO_4 溶液提取一次,合并两次上清液,定容,混匀,贮于冷凉处备用。

2. **比色测定**

取光径 1cm 比色杯 2 只,于 1 只中加入已混匀的反应混合液 3ml,KH_2PO_4 溶液 1ml,作为参比液;另一只中加入反应混合液 3ml,酶液 1ml(如酶活性过高可稀释之),立即记时并置于分光光度计中。在 470nm 下测定光密度,每隔 1min 读数一次,连续测 30min,每次测定前重新用对照校准。若气温较低,应适当提高室温,以 37℃ 为最适宜。

四、实验结果

1. 以时间为横坐标,光密度为纵坐标作图。反应前期过氧化物酶活性随反应时间直线上升,达最大值后,其相关曲线出现转折点,转折出现的早晚取决于温度。在曲线的前期部分找到一段近似直线的部分,和直线起点的时间 t_1 和光密度 A_1、直线终点的时间 t_2 和光密度 A_2。

2. 计算

以每 $\min A_{470}$ 变化 0.01 为 1 个过氧化物酶活力单位(μ),计算其活力及比活力。

$$\text{酶活力}(0.01A_{470} \cdot \min^{-1}) = \frac{A_2 - A_1}{(t_2 - t_1) \times 0.01} \times D$$

$$\text{酶的比活力}(u \cdot g^{-1}) = \frac{\text{酶活力}(\mu)}{\text{样品重}(g)\text{或样品中蛋白质含量}(mg)}$$

$A_2 - A_1$:吸光度的变化

$t_2 - t_1$:时间变化

D:稀释倍数,即提取的酶液总量为反应系统内酶液的倍数。

U:酶活力单位(即 $0.01A_{470} \cdot \min^{-1}$)

思 考 题

1. 测定过氧化物酶的活性除比色法外,你还知道什么其他方法?

2. 除愈创木酚外,还有什么化合物作为过氧化物酶的底物?

3. 计算酶比活力时,材料重量可用鲜重(g)或干重(g),也可用蛋白重(mg)3 种单位来表示,哪种表示较好? 为什么?

参考文献

[苏]X. H. 波钦诺克(荆家海、丁钟荣译). 植物生物化学分析方法. 北京:科学出版社,1981. 197 ~ 201

实验 24 过氧化氢酶活性测定

目的意义 过氧化氢酶(Catalase,CAT)普遍存在于植物所有组织中,其活性与植物的代谢强度、抗衰老、抗寒、抗病能力有一定关系,在生产实践中常进行测定。学习几种测定 CAT 活性的方法,理解其测定原理。

Ⅰ. 碘 量 法

一、实验原理

过氧化氢酶能把过氧化氢分解为水和氧,其活性大小,可以一定时间内分解的过氧化氢量或生成氧气的量来表示。H_2O_2 的测定常采用氧化还原滴定法,碘量法是其经典方法。其原理是在有催化剂钼酸铵存在时,过氧化氢与碘化钾反应,放出游离碘,再用硫代硫酸钠滴定碘,以淀粉指示剂指示滴定终点。根据空白和测定二者滴定值之差,即可算出酶分解的过氧化氢量。其反应为:

$$H_2O_2 + 2KI + H_2SO_4 \longrightarrow I_2 + K_2SO_4 + 2H_2O$$

$$I_2 + 2Na_2S_2O_3 \longrightarrow 2NaI + Na_2S_4O_6$$

二、材料、设备与试剂

1. **植物材料**　小麦或其他植物新鲜叶片。
2. **主要设备**　天平、研钵、100ml 容量瓶、50ml 酸滴定管、移液管（1、5、10ml）、100ml 三角瓶。
3. **试剂**

（1）碳酸钙粉末

（2）1.8mol·L^{-1} 的硫酸　取 1000ml 烧杯 1 只，加入约 500ml 蒸馏水，边搅拌边加入 100ml 浓硫酸，冷却后用量瓶定容到 1000ml。

（3）10% 的钼酸铵溶液：称取钼酸 10g，溶于蒸馏水中使成 100ml。

（4）1% 淀粉溶液：取 1g 可溶性淀粉于小烧杯中加约 20ml 水调匀，慢慢倾入约 80ml 沸水中，在搅拌下加热至重新沸腾冷却后贮于滴瓶中（可加少量 $HgCl_2$ 防腐）。

（5）0.05mol·L^{-1} 硫代硫酸钠　称取 $Na_2S_2O_3·5H_2O$ 25g，溶于新沸腾并冷却过的蒸馏水中，加入约 0.1g Na_2CO_3，并稀释至 1 升，保存于棕色试剂瓶中，放置暗处。一天后进行标定。

标定方法：精确称取分析纯 $K_2Cr_2O_7$ 约 0.15g 于 500ml 三角瓶中，加 30ml 蒸馏水溶解，加入 2g KI 和 5ml 6mol·L^{-1} 盐酸，在暗处放置 5min，然后用水稀释至 200ml，用 0.05mol·L^{-1} 硫代硫酸钠溶液滴定，当溶液由棕红色变为浅黄色时，加入 1ml 淀粉溶液，继续滴至溶液由蓝色变为亮绿色（Cr^{3+} 离子的颜色）为止。计算出 $Na_2S_2O_3$ 的浓度（$K_2Cr_2O_7$ 的相对分子质量为 294.18）。

（6）0.01mol·L^{-1} 硫代硫酸钠，用 20ml 移液管吸取标定过的 0.05mol·L^{-1} 硫代硫酸钠溶液 20ml，加入 100ml 量瓶中，加水定容，摇匀即成，用时现配。

（7）0.05mol·L^{-1} 过氧化氢，取 1ml 30% 的过氧化氢用水稀释至 150ml，用 0.05mol·L^{-1} 硫代硫酸钠标定。

三、操作方法

1. **酶液提取**　称取混匀的新鲜小麦叶片 1g，置研钵中加 0.2g 碳酸钙和蒸馏水 2ml，仔细研磨成匀浆，移入 100ml 量瓶中，用蒸馏水稀释至刻度，振荡片刻，静置。取上清液 10ml 移入 100ml 量瓶加蒸馏水稀释至刻度（稀释 10 倍），摇匀备用。

2. **反应**　取 100ml 三角瓶 4 个，编号。向各瓶准确加入稀释后的酶液 10ml，立即向 3、4 号瓶中加入 1.8mol·L^{-1} 硫酸 5ml 以终止酶的活动，作为空白。然后将各瓶放在 20℃ 水浴中保温，待瓶内溶液温度达 20℃ 时，向各瓶准确加入 58ml 0.05mol·L^{-1} 过氧化氢，摇匀并记录加入时间。继续在 20℃ 水浴中作用 5min 后，再依次向 1、2 号瓶加入 1.8mol·L^{-1} 硫酸 5ml，终止反应。

3. **滴定**　取出 4 个瓶，各加入 1ml 20% 碘化钾，3 滴钼酸铵及 5 滴淀粉指示剂，用 0.01mol·L^{-1} 硫代硫酸钠滴定至蓝色消失。记录空白（3、4 号）与样品（1、2 号）滴定值。

四、实验结果

按下列公式，计算被测材料的过氧化氢酶（CAT）活性。

被分解 H_2O_2 量$(mg) = (V_0 - V_1) \times C \times 17$

CAT 活性$(mgH_2O_2 \cdot g^{-1} \cdot min^{-1}) = \dfrac{m \times V_t}{V_r \times W \times t}$

V_0:空白滴定值(ml)

V_1:样品滴定值(ml)

C:$Na_2S_2O_3$浓度$(mmol \cdot L^{-1})$

m:被分解 H_2O_2 的质量(mg)

17:$1mmol Na_2S_2O_3$相当 H_2O_2量(mg)

V_r:测定取用酶液用量(ml)

V_t:提取酶液总体积(ml)

t:反应时间(min)

W:样品重量(g)

Ⅱ. 高锰酸钾滴定法

一、实验原理

高锰酸钾滴定法是测定 H_2O_2 的另一种氧化还原滴定法。在反应系统中加入一定量(反应过量)的过氧化氢溶液,过氧化氢酶与 H_2O_2 反应结束后,用标准高锰酸钾(在酸性条件下)滴定多余的 H_2O_2,同时进行空白滴定,计算出 CAT 分解 H_2O_2 的量。由于本身有颜色,在 $0.5 \times 10^{-5} mol \cdot L^{-1}$ 时呈粉红色,故不需加指示剂,当滴定至溶液出现粉红色,即为终点。

$$5H_2O_2 + 2KMnO_4 + 4H_2SO_4 \longrightarrow 5O_2 + 2KHSO_4 + 8H_2O + 2MnSO_4$$

二、材料、设备与试剂

1. **材料**　小麦或其他植物新鲜叶片。
2. **设备**　研钵、容量瓶、酸式滴定管、移液管、三角瓶。
3. **试剂**

(1)$0.1 mol \cdot L^{-1}$高锰酸钾标准溶液:称取 $KMnO_4$ 3.1605g,用新煮沸冷却蒸馏水配制成 1000ml,再用 $0.1 mol \cdot L^{-1}$ 草酸溶液标定。

(2)$0.1 mol \cdot L^{-1} H_2O_2$:市售 30% H_2O_2 大约等于 $17.6 mol \cdot L^{-1}$,取 30% H_2O_2 溶液 5.68ml,稀释至 1000ml,用标准 $0.1 mol \cdot L^{-1} KMnO_4$溶液(在酸性条件下)进行标定。

(3)$0.1 mol \cdot L^{-1}$草酸:称取 $H_2C_2O_4 \cdot 2H_2O$ 12.607g,用蒸馏水溶解后,定容至 1000ml。

(4)其他:10% H_2SO_4、$0.2 mol \cdot L^{-1}$ pH7.8 磷酸缓冲液。

三、操作方法

1. **酶液提取**　称取混匀的新鲜小麦叶片2.5g,置研钵中加入少量 pH7.8 的磷酸缓冲溶液,研磨成匀浆,移入 25ml 容量瓶中,用缓冲液冲洗研钵,并将冲洗液转至容量瓶中,定容,在 $4000 r \cdot min^{-1}$ 离心 15min,上清液即为过氧化氢酶的粗提液,低温下保存备用。

2. **反应**　取 50ml 三角瓶 4 个编号(两个测定,另两个为对照),测定瓶中加入酶液

2.5ml,对照瓶加入煮死酶液 2.5ml,各瓶均加入 2.5ml 0.1mol·L⁻¹H₂O₂,同时计时,于30℃恒温水浴中保温 10min,立即加入 10% H₂SO₄ 2.5ml 终止反应。

3. **滴定** 用 0.1mol·L⁻¹KMnO4 标准溶液滴定,直至出现粉红色(在 30min 内不消失)为终点。

四、实验结果

酶活性用每克鲜重样品 1min 内分解 H₂O₂ 的毫克数表示:

$$过氧化氢酶活性(mgH_2O_2 \cdot g^{-1}FW \cdot min^{-1}) = \frac{(V_0 - V_1) \times V_t \times 17}{V_r \times W \times t}$$

V_0:对照滴定值(ml)

V_1:样品滴定值(ml)

V_t:提取酶液总量(ml)

V_r:反应时所用酶液量(ml)

W:样品鲜重(g)

t:反应时间(min)

1.7:1ml 0.1mol·L⁻¹KMnO₄ 相当于 1.7mg 过氧化氢的量。

Ⅲ. 紫外分光光度法

一、实验原理

紫外分光光度法是华中农业大学王春台等(1987)对经典碘量法进行改进后,提出的测定过氧化氢酶(CAT)活性的新方法。这一方法操作简便,反应灵敏度高、测定快速,可进行大批样品的测定。其原理是,植物组织中 CAT 的活性可用单位时间该酶分解过氧化氢(H_2O_2)的量表示。测定 CAT 作用于一定量 H_2O_2 后剩余的 H_2O_2 量,即可计算出酶活性。又据 H_2O_2 能氧化碘离子(I^-),生成 I_2,而 I_2 在 350nm 波长有最大吸收峰。因而采用紫外分光光度法测定被 H_2O_2 氧化生成的 I_2 的量,即可知 H_2O_2 的量。分别测定酶促反应前(空白)和反应后反应液中 I_2 的生成量,据二者之差,即可计算出酶所分解的 H_2O_2 的量,并计算出过氧化氢酶的活性。

二、材料、设备及试剂

1. **材料** 新鲜叶片、小麦芽、马铃薯块茎等。

2. **设备** 紫外分光光度计、离心机、容量瓶、移液管、研钵、天平(0.1%)。

3. **试剂** 0.05mol·L⁻¹H₂O₂、20%KI、1.8mol·L⁻¹H₂SO₄、1.0mg·ml⁻¹碘母液、0.2mol·L⁻¹(pH7.0)磷酸缓冲液、钼酸钠。

三、操作方法

1. **标准曲线的制作** 取 7 个 100ml 容量瓶编号 0~6,依次加入 0、0.5、1.0、1.5、2.0、2.5、3.0ml 的碘母液,加水定容至刻度,即配成含碘 0、0.5、1.0、1.5、2.0、2.5、3.0(×10⁻²mg·ml⁻¹)的系列标准浓度碘液。以 0 号管作参比液,在紫外分光光度计 350nm 下读取各液光密度值(OD_{350})。求出光密度值(OD_{350})随碘液浓度(X)而变化的回归方程,或以 X 为横轴,OD_{350}为纵轴直接绘制标准曲线。

2. 酶的提取 称取 2g 植物材料于研钵中,加入少量磷酸缓冲液研磨至匀浆,移入 50ml 容量瓶中,用缓冲液冲洗研钵,并将冲洗液转至容量瓶中,定容,在 4000r min^{-1}离心 15min,上清液即为过氧化氢酶的粗提液,低温下保存备用。

3. 酶活性的测定 取 4 只 100ml 容量瓶编号 1~4,分别加入 0.2ml 粗酶液,向 1 号瓶加入 5ml 1.8mol·L^{-1}的 H_2SO_4 以终止酶活性,作为空白。然后,分别向 4 只容量瓶中各加入 0.2ml 0.05mol·L^{-1} H_2O_2,摇匀,立即记录反应时间。准确作用 5min 后,迅速向 2、3、4 号容量瓶加入 5ml 1.8mol·L^{-1} H_2O_2,以终止反应。并分别向 4 只容量瓶中加入 20% KI 1ml和钼酸钠 3 滴,在 350nm 波长下测上述各液的光密度,以制作标准曲线的 0 号管作参比。将所测得各液光密度值代入回归方程计算或在标准曲线上查找,即可得到空白(1 号)和样品(2~4 号)测定液中碘的含量。

四、实验结果

通过下列公式计算酶所分解的 H_2O_2 量 A 和 CAT 的活性。

$$A(\text{mgH}_2\text{O}_2) = \frac{(X_1 - X_2) \times 34}{127 \times 2} \qquad (1 式)$$

$$CAT 活性(\text{mgH}_2\text{O}_2/\text{g}\cdot\text{min}) = \frac{A}{W \cdot t} \times \frac{V}{V_1} \qquad (2 式)$$

A:测试酶液分解 H_2O_2 的量(mg)

X_1:空白中 I_2 的含量(10^{-2}mg)

X_2:测试样品液中 I_2 含量平均值(10^{-2}mg)

W:材料鲜重(g)

t:反应时间(min)

V:粗酶提取液总量(ml)

V_1:测定用的酶液量(ml)

34:H_2O_2 的分子量

127:I_2 的分子量

思 考 题

1. 上述两种测定方法各有什么优缺点?

2. 你认为哪些生理研究需测过氧化氢酶活性?

参考文献

1. 武汉大学. 分析化学. 北京:人民出版社,1978. 288~291,295~299

2. 李合生. 植物生理生化实验原理和技术. 北京:高等教育出版社,2000. 165~167

3. 王春台. 徐同. 刘学群. 紫外分光光度法测定过氧化氢酶活性. 华中农业大学学报,1987,6(1):77~81

实验 25 植物冰冻切片技术与酶的组织化学定位

目的意义 在植物生理学的研究中,常采用冰冻切片和组织化学的方法来探讨植物体内的生理活动。组织化学的方法可以达到对生理活性物质(如酶)或非生理活性物质(如淀粉、脂肪)定位、定性的目的。本实验旨在对植物体内普遍存在的几种酶进行组化鉴定。

一、实验原理

生理活性物质(如酶)的组化鉴定须采用冰冻切片的方法,才能有效保存其活性。对切片中酶的组织化学定位的基本原理是利用底物在专一酶的催化下,生成某种有颜色的产物以确定该酶的存在部位。不同的酶有不同的特有反应。

1. **细胞色素氧化酶** 根据"Nadl"原理以对氨基二甲苯胺和 α 萘酚为基质在细胞色素氧化酶的作用下,产生吲哚酚蓝来表示酶的存在,其反应式如下:

对 – 氨基二甲基苯胺 α – 萘酸 $\xrightarrow{\text{细胞色素氧化酶}}$

吲哚酚蓝

2. **过氧化物酶** 联苯胺遇过氧化氢经酶促作用脱氢,产生蓝色的化合物。反应式如下:

联苯胺   蓝色化合物

3. **多酚氧化酶** 邻苯二酚或邻苯三酚在多酚氧化酶的作用下,产生茶褐色化合物或棕色络合物。

邻苯二酚   茶褐色化合物

邻苯三酚　　　　　　　棕色络合物

4. **三磷酸腺苷酶**　三磷酸腺苷经酶促作用分解为二磷酸腺苷并释放出一个无机磷酸与铅离子结合产生磷酸铅,后者遇硫则生成硫化铅的沉淀,可用下列简式表示

$$ATP + H_2O \xrightarrow{\text{ATP 酶}} ADP + H_3PO_4$$

$$H_3PO_4 + Pb(NO_3)_2 \longrightarrow PbPO_4 \xrightarrow{+(NH_4)_2S} PbS \downarrow$$

5. **脱氢酶**　在脱氢酶作用下,2,3,5 - 三苯基四唑化氯(TTC)被还原为红色三苯基甲臜,可指示酶存在部位。反应式参见实验5(Ⅲ)。

二、材料、设备及试剂

1. **材料**　柑橘、水稻、小麦等植物的枝叶,马铃薯块茎。

2. **设备**　冰冻切片机、显微镜、单面刀片、培养皿、载(盖)玻片、尖头镊子、乳头滴管、玻棒、吸水纸等。

3. **试剂**

(1)1% α - 萘酚溶液:称取 1gα - 萘酚溶于 100ml 蒸馏水中加热煮沸,然后滴加 25% KOH,直至 α - 萘酚完全溶解为止,过滤后保存于冷暗处。

(2)1% 盐酸对氨基二甲基苯胺溶液:称取 1g 盐酸对氨基二甲基苯胺,放入 100ml 蒸馏水中加热煮沸,然后保存在冰箱内,只能保存一星期。

(3)pH5.8 的磷酸缓冲液:0.1mol·L^{-1}　KH$_2$PO$_4$　45ml 与 0.1mol·L^{-1}Na$_2$HPO$_4$ 5ml 混合。

(4)0.1% 钼酸铵溶液:称取 0.1g 钼酸铵溶于 100ml 蒸馏水中。

(5)0.1% 联苯胺溶液:称取 0.1g 联苯胺放入 100ml 蒸馏水中加热煮沸,冷却。使用前加入 30% 的过氧化氢一滴,此溶液只能保存一星期。

(6)0.1mol·L^{-1}pH7.2 磷酸缓冲液:0.1mol·L^{-1}KH$_2$PO$_4$12ml 与 0.1mol·L^{-1}Na$_2$HPO$_4$ 38ml 混合。

(7)1% 邻苯二酚溶液:称取 1g 邻苯二酚溶于 100ml 蒸馏水中,置于低温暗处可保存 1~2 星期。

(8)0.2mol·L^{-1}Tris - HCl 缓冲液(pH7.2):0.2mol·L^{-1}Tris2.5ml 和 0.1mol·L^{-1}HCl45ml 混合定容至 100ml。

(9)其他:三磷酸腺苷钠盐(125mg/100ml)、2%硝酸铅、1%硫化铵、0.5%TTC。

三、操作方法

1. **冰冻切片机制冷**　设置温度 -15℃ 至 -20℃,启动,制冷达设定温度。

2. **材料冷冻切片**　将植物材料在自来水下冲洗干净,用吸水纸吸干水分,切成边长约 1.5~2cm 的小方块。将马铃薯去皮后,切成边长 2~2.5cm 的立方体,削平上下两面,自顶

部中央向下切一口子,深约 1.5~2cm,用自来水、蒸馏水冲洗马铃薯小块表面的淀粉。将切好的材料按纵或横的方向夹入马铃薯切口中,置于切片机的冰冻头上,待冻结后切成厚度 15~20μm 的薄片。用干净毛笔将切片扫入盛有预冷的重蒸馏水或缓冲液的培养皿中,4℃左右缓慢解冻几 min,再在室温下检测酶。

3. 几种酶的定位鉴定

(1)细胞色素氧化酶 将切片放入 pH5.8 的磷酸缓冲液内,在室温下(约25℃)放置 5~10min,然后用干净而很细的玻璃棒将切片移入1%α-萘酚和1%盐酸对氨基二甲苯胺的等量混合液中处理。约5min 后取出切片,放在玻片上,加重蒸馏水 1 滴,盖上盖玻片,显微镜下观察。

对照片子制作:从磷酸缓冲液中取出切片置载玻片上,不加底物直接镜检。也可将切片放入重蒸馏水中煮沸5min,再加入基质,镜检。

(2)过氧化物酶 将切片放入 pH7.2 的磷酸缓冲液中,在 2~5℃下浸5min 后移置载玻片上,加 1 滴 0.1%钼酸铵溶液,在室温下处理5min,再加 1 滴 0.1%联苯胺液中处理 0.5~1min,加蒸馏水 1 滴并封盖玻片观察。对照片子的制作观察参照细胞色素氧化酶。

(3)多酚氧化酶 新鲜样片切下后立即投入 pH7.2 的磷酸缓冲液内在 2~5℃下放置5min。将切片移至1%邻苯二酚内在87℃下保温 10h 左右,取出观察。对照片子的制作观察方法参照细胞色素氧化酶。

(4)三磷酸腺苷酶 将切片投入反应混合液中,在 37℃下保温 1~3h,蒸馏水洗涤,在1%硫化铵中显色1min,再用蒸馏水冲洗后观察。反应混合液(底物)的配制方法:

20ml 三磷酸腺甙钠盐(125mg 溶于 100ml 蒸馏水)

20ml 0.2mol·L^{-1}Tris-HCL 缓冲液(pH7.2)

8ml 12% 硝酸铅[Pb(NO$_3$)$_2$]

5ml 0.1mol·L^{-1}硫酸镁(MgSO$_4$·7H$_2$O)

2ml 蒸馏水

按上述比例取各液混合后取用上清液,使用后的混合液不能再用。

(5)脱氢酶 将切片浸在 0.5% TTC 溶液中,15min 后镜检,有红色反应的部位表明脱氢酶的存在。对照片子不加底物直接镜检,或煮沸杀死组织后,加底物镜检。

四、实验结果

分别绘出各种酶在组织中的分布图。

思 考 题

1. 在冰冻切片和对切片中酶的染色镜检中,如何保证切片的完整性?
2. 比较石蜡切片与冰冻切片的特点及应用范围。

参考文献

华东师范大学生物系植物生理教研室.植物生理实验指导.北京:人民教育出版社,1980.137~143

第六章 有机物质的代谢

实验 26 植物组织中可溶性糖含量的测定
（蒽酮比色法）

目的意义 可溶性糖是植物体内重要有机物质之一，与植物体内有机物的转化、种子和果实品质形成以及植物的抗性等有密切关系。

一、实验原理

可溶性糖（包括还原糖和非还原糖）能与蒽酮试剂反应，生成蓝绿色的糠醛衍生物，该产物在 620nm 处有最大吸收峰。糠醛生成量（颜色深浅）与可溶性糖总含量成正比，故可用分光光度计测其吸光度，从而测知糖含量。此法反应灵敏，适用于含糖量不高的样品。

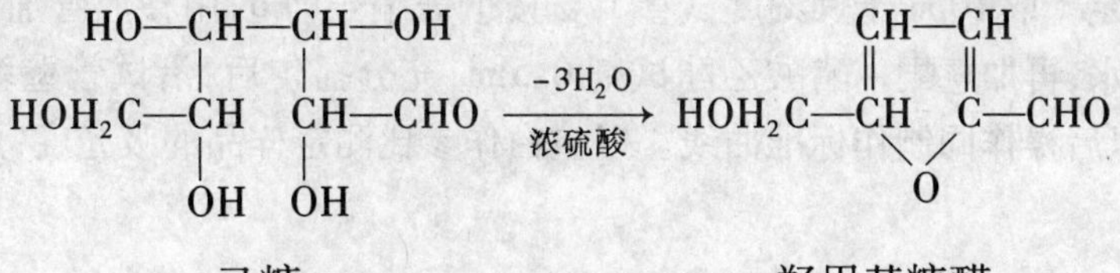

己糖　　　　　　　　　　　　　　　　　　　羟甲基糠醛

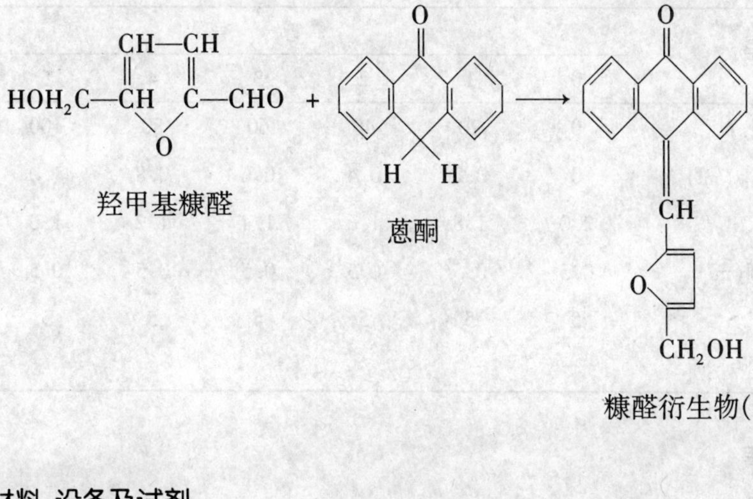

羟甲基糠醛　　　　蒽酮

糠醛衍生物（绿色）

二、材料、设备及试剂

1. **材料** 小麦全株干粉（或各种植物的根、茎、叶、种子）。
2. **设备** 分光光度计、天平、水浴锅、电炉、移液管、试管、离心机、容量瓶。
3. **试剂**

（1）浓 H_2SO_4（比重 1.84）

（2）蒽酮－醋酸乙酯试剂：称取分析纯蒽酮 1g 溶于 50ml 醋酸乙酯中，贮于棕色瓶中，置黑暗中保存，如有结晶析出，可稍微加热溶解。

（3）1% 蔗糖标准液：将分析纯蔗糖在 80℃下烘至恒重，精确称取 1.000g，加少量蒸馏水溶解，转入 100ml 容量瓶中，加入 0.5ml 浓硫酸，用蒸馏水定容至刻度。

（4）100mg·L^{-1} 蔗糖标准液：精确吸取 1% 蔗糖标准液 1ml，加入 100ml 容量瓶，加水至刻度。

三、操作方法

1. **标准曲线的绘制** 取 15 ~ 20ml 刻度试管 6 支，从 0 ~ 5 分别编号，按下表加入溶液和水。配制好后，向每管加入蒽酮－醋酸乙酯试剂 0.5ml，充分摇匀，让醋酸乙酯水解，然后沿各管管壁缓缓加入 5ml 浓硫酸，猛摇试管数次，立即放入沸水浴中保温 1min，取出放置试管架上，冷却后摇匀，以空白作参比，于 630nm 波长下，测其吸光度，以吸光度为纵坐标，以糖含量为横坐标，绘出标准曲线。

2. **样品提取** 取样品干粉 100mg 放入大试管中，加蒸馏水 20 ~ 30ml 置沸水浴中提取 20min，然后滤入 100ml 容量瓶中，定容至 100ml，待用；如为鲜样，称取 0.5 ~ 1.0g 样品，加少许石英沙研磨至匀浆，室温下静置 30 ~ 60min（常搅动），过滤或离心，定容至 100ml，弃去残渣。

3. **样品测定** 取 10ml 干燥刻度试管 1 支按下表编号为 6，用移液管加入提取液 0.5ml 和 1.5ml 蒸馏水，再加蒽酮－醋酸乙酯试剂 0.5ml，充分摇匀后，沿试管壁缓缓加入 5ml 浓硫酸，摇匀。以后操作同制作标准曲线。以空白作参比测定样品的吸光度，可从标准曲线上查出其糖含量。

表 22　蒽酮法测可溶性糖标准曲线及样品试剂量

项　目	管　号						
	0	1	2	3	4	5	6
各管中蔗糖量（μg）	0	20	40	60	80	100	待测
100 mg·L^{-1} 蔗糖液（ml）	0	0.2	0.4	0.6	0.8	1.0	样品0.5
蒸馏水（ml）	2.0	1.8	1.6	1.4	1.2	1.0	1.5
蒽酮乙酸乙酯试剂（ml）	0.5	0.5	0.5	0.5	0.5	0.5	0.5
浓 H$_2$SO$_4$（ml）	5	5	5	5	5	5	5
吸光度（A$_{630}$）							

四、实验结果

由标准曲线可查出糖的含量（μg），按下式计算测试样品的糖含量。

$$可溶性糖含量\% = \frac{m_x \times V \times D}{V_1 \times W \times 10^3} \times 100$$

m_x：标准曲线查得的糖含量（μg）

V：样品总体积（ml）

V_1:测定时取用体积(ml)

D:稀释倍数

W:样品重(mg)

10^3:样品重量单位由 mg 换算成 μg 的倍数

思 考 题

1. 你还知道其他测定植物组织中可溶性糖含量的方法吗？在何时采用何种方法更适宜？

2. 用蒽酮法测定糖的操作中,应注意什么？

参考文献

1. 李合生. 植物生理生化实验原理和技术. 北京:高等教育出版社,2000. 195 ~ 197

2. 白宝璋,汤学军. 植物生理学测试技术. 北京:中国科学技术出版社,1993. 76 ~ 77

实验 27　植物组织中蔗糖、果糖、葡萄糖的分离鉴定

目的意义　蔗糖、果糖和葡萄糖是植物组织中可溶性糖的重要组分,在植物体内有机物质代谢中具有重要作用,同时三者的含量与比值影响水果的品质和风味。在研究植物的糖代谢和果实品质形成时,常需对蔗糖、果糖和葡萄糖进行鉴定。本实验学习使用薄层层析法分离鉴定蔗糖、果糖和葡萄糖。

一、实验原理

薄层层析(thin－layer chromatography,TLC)是将吸附剂均匀涂布于支持板上,形成一薄层固定相,采用合适的溶剂作为流动相将样品在固定相上展开,从而分离混合组分的一种方法。TLC 利用物质结构不同,固定相对其吸附力的大小不同、在展层剂中的溶解度及其移动速率均不同的原理分离混合物。被分离后的各组分可借自身颜色、荧光、放射性或与特殊显色剂反应后加以检测。本实验采用硅胶薄层层析板作支持物,正丁醇－乙醇－水为展层剂及显色剂检测法,分离鉴定提取液中的蔗糖、果糖和葡萄糖。

二、材料、设备及试剂

1. **材料**　新鲜果实或植物材料干粉。

2. **设备**　烘箱、电吹风、水浴锅、天平、层析缸、玻璃板、手持喷雾器、蒸发皿、毛细管、直尺、铅笔等。

3. **试剂**　分析纯果糖、葡萄糖、蔗糖(均配成 0.2%或 0.5%)、硅胶 G、0.5%羧甲基纤维素(CMC)、正丁醇、无水乙醇。显色剂配制如下:

显色剂 1:苯胺 0.93g 和邻苯二甲酸 1.66g 溶于 100ml 水饱和的正丁醇。

显色剂 2:尿素 2.5g 溶于 10ml 2mol·L^{-1}的 HCl 中,用 96%的乙醇定容至 50ml。

三、操作方法

1. **样品制备**　取果肉 2g,加 80%乙醇 2ml,在乳钵中研磨(可加少许石英砂),转入小烧

杯,以 6ml 80% 乙醇分 2~3 次洗涤乳钵,一并转入小烧杯,在 40~60℃水浴中提取 1h,冷却后过滤,以 2ml 乙醇洗涤残渣(加入乙醇总量 10ml),滤液倒入蒸发皿,在 80℃水浴上浓缩至 1ml。

2. 板制备　玻板用肥皂粉洗净,蒸馏水冲洗,擦干。根据玻璃板大小确定硅胶用量,可参考下表配制。

表 23　硅胶板配制方法

玻板大小(cm)	硅胶用量(g)	0.5% CMC(ml)
5 × 20	1.25 ~ 1.50	3.0 ~ 3.5
10 × 20	2.50 ~ 3.00	6.0 ~ 7.0
15 × 16.5	3.09 ~ 3.70	7.4 ~ 8.7
15 × 18.0	3.38 ~ 4.05	8.1 ~ 9.5
20 × 20	5.00 ~ 6.00	12.0 ~ 14.0

将硅胶和硅胶羧甲基纤维素称好后,至乳钵中迅速研磨 1~1.5min.,立即将硅胶浆均匀倒在玻板上,手持玻板在桌上轻轻振动使浆液铺匀,平整无气泡(除羧甲基纤维素外,也可用水调制硅胶)。薄层板在室温下放置 15~30min,待自然干燥后放入烘箱,缓慢升温至 105℃,保持 30~60min 以活化吸附层。硅胶 G 含有石膏,温度不能超过 128℃,以免引起石膏失水而失去固着能力。制好的板放干燥器备用。

3. 点样　用铅笔在距薄板下端 2.5cm 左右画出点样位置,各样点间间隔约 2cm。用毛细管分别点加样品和蔗糖、果糖、葡萄糖标准液,样点直径 0.2~0.3cm 为宜。用电吹风吹干样点,重复点样,样品液总量 10~12μl。

4. 展层　按正丁醇:无水乙醇:水 = 4:1:5 配好展层剂,将其倒入层析缸中,溶液 1.5cm 深,盖上玻璃板平衡至少 1h。将薄板垂直放入层析缸内,液面应保持在点样线以下至少 1cm,薄板两侧不能贴层析缸壁。盖上玻璃板,单向上行层析,至溶剂前沿距薄板上端 2cm 左右停止。取出薄板,用铅笔绘出溶剂前沿位置。

5. 显色　待薄板上的溶剂挥发尽后,将其水平放置,用喷雾器在距薄板一定高度处将显色剂 1(或显色剂 2)均匀喷布到薄板上。将薄板放入烘箱中,在 105℃下加热 5~10min,即可显色。显色剂 1 使葡萄糖、果糖、蔗糖显浅褐色至褐色。显色剂 2 则使果糖、蔗糖呈蓝色。

测定记录各色斑中心与原点间的距离,测定溶剂前沿至点样线的距离。

四、实验结果

计算各色斑的 R_f 值,比较标准品与样品色斑的 R_f 值,确定样品中糖的种类。

$$R_f = \frac{原点到层析斑中心的距离(R)}{原点到溶剂前沿的距离(r)}$$

注:TLC 法也可用于糖的定量测定。进行定量测定时,样品提取液必需准确定容,点样量要定量,展层显色后刮下样品色斑,浸出有色物质,进行比色测定。

思 考 题

1. 比较薄层层析法与纸层析法的原理和优缺点。
2. 层板的质量对层析效果影响很大,怎样才能获得厚薄均匀而无气泡的硅胶板?

参考文献

束怀瑞. 果树栽培生理学. 北京:农业出版社,1993. 297～298

实验28　可溶性蛋白质含量的测定
(考马斯亮蓝 G - 250 法)

目的意义　植物组织中的蛋白质有结构蛋白与可溶性蛋白,酶蛋白多为可溶性蛋白。测定可溶性蛋白含量在计算酶比活力和研究植物氮代谢中是十分必要的。

一、实验原理

可溶性蛋白质与考马斯亮蓝 G - 250 反应生成青色产物,在 595nm 波长有最大吸收峰,其颜色深浅与可溶性蛋白含量成正相关,可用分光光度法测定可溶性蛋白的含量。

二、材料、设备与试剂

1. **材料**　植物材料提取液、伤流液等。
2. **设备**　分光光度计、10ml 刻度试管、移液管。
3. **试剂**
(1)考马斯亮蓝 G - 250　100mg 考马斯亮蓝 G - 250 溶于 50ml 95% 乙醇,加 80% 的磷酸 100ml 摇匀,加水定容至 1000ml。
(2)标准蛋白液　牛血清蛋白 25mg 溶于水,定容 100ml,取此液 4ml 稀释至 100ml,即为含量 $10\mu g \cdot ml^{-1}$ 的标准蛋白液。

三、操作方法

1. **标准曲线制作**　取 10ml 刻度试管 6 只,分别加入标准蛋白液 0、0.2、0.4、0.6、0.8、1.0ml,并添加蒸馏水至总量 1ml,即为含蛋白 0、2、4、6、8、10$\mu g \cdot ml^{-1}$ 的系列浓度蛋白液。向各管加考马斯亮蓝 G - 250,摇匀,在分光光度计上,595nm 下,测定各管吸光度。以蛋白含量为横轴,A_{595} 为纵轴,绘制标准曲线。
2. **样品液** 1ml(如蛋白含量高,应适当稀释),加考马斯亮蓝 5ml,测定方法同上。

四、实验结果

从标准曲线上查出样品液含蛋白质的浓度,并计算样品中可溶性蛋白质总量。

思 考 题

1. 用考马斯亮蓝 G - 250 测蛋白质含量容易出现的问题是什么? 应怎样防止?

2.还有哪些测定可溶性蛋白质含量的方法?

参考文献

中国科学院上海植物生理研究所,上海植物生理学会．现代植物生理学实验指南．北京:科学出版社,1999.392~394

实验29　粗脂肪的定量测定

目的意义　粗脂肪是脂肪、游离脂肪酸、磷脂、蜡、固醇、有机酸及芳香油等物质的总称,主要存在于种子和果实中。这些物质有的是植物的营养物质,有的是植物的结构物质。测定粗脂肪含量对于油料作物的良种繁育和品质评价具有重要意义。本实验学习用油重法测定粗脂肪的含量。

一、实验原理

脂肪溶于有机溶剂,采用沸点较低的有机溶剂(如乙醚或石油醚)在索氏提取器中可将脂肪提取出来。索氏提取器是由提取瓶、提取管、冷凝器三部分组成的(如图),提取管两侧分别有虹吸管和连接管。各部分连接处严密不漏气。提取时,将待测样品包在脱脂滤纸包内,放入提取管内。提取瓶中加入石油醚,加热提取瓶,石油醚汽化,由连接管上升进入冷凝器,凝成液体滴入提取管内,浸提样品中的脂类物质。待提取管内石油醚液面达到一定高度,溶有粗脂肪的石油醚经虹吸管流入提取瓶。流入提取瓶的石油醚继续被加热汽化、上升、冷凝、滴入提取管内,如此循环往复,直到抽提完全为止。

重量法是将提取瓶中抽提的粗脂肪,蒸去溶剂,干燥,称重,求出样品中粗脂肪的百分含量。

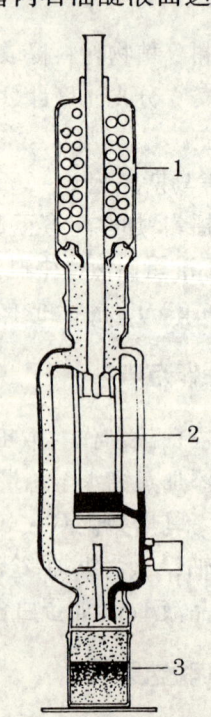

二、材料、设备及试剂

1. **材料**　油料作物种子或木本植物油质果实。
2. **设备**　索氏提取器、烘箱、分析天平、恒温水浴锅、研钵和样筛(孔径1mm、0.4mm)、滤纸。
3. **试剂**　石油醚(沸程30~60℃)。

三、操作方法

1. **样品制备**　油料种子去壳去杂后,放在105℃的烘箱中烘干1h,研碎,过样筛,装瓶备用。
2. 洗净索氏提取瓶,在105℃烘箱中烘干至恒重,冷至室温,用分析天平称重,记录重量(W_0)。
3. 准确地称取样品干粉2~5g,用脱脂滤纸包好,放入索氏提取管内。
4. 将石油醚加入提取瓶内约占瓶容积的1/2~2/3。

图14　索氏抽提器

1.冷凝器　2.提取管　3.提取瓶

(引自BÜCHI B-811索氏抽提器说明书)

连接索氏提取器各部分,在水浴上进行抽提。水浴温度 70~80℃,控制石油醚从冷凝器滴入提取管的速度为 150 滴/min 为宜,一般抽提 8~10h,含油量高的可适当增加抽提时间。可用滤纸检验提取管中的石油醚无油迹即为提净。

5. 提取完毕,取出滤纸包,再回馏一次,洗涤提取管。再继续蒸馏,当提取管中的石油醚液面接近虹吸管而未流入提取瓶时,倒出石油醚。若提取瓶中仍有石油醚,继续蒸馏,直至蒸完。

6. 取下提取瓶,放入 105℃烘箱中烘干、恒重,冷至室温,称重,记录重量(W_1)。

四、实验结果

$$粗脂肪含量(\%) = \frac{W_1 - W_0}{W} \times 100$$

W_1:抽提后提取瓶的重量(g)

W_0:抽提前提取瓶的重量(g)

W:样品重量(g)

思　考　题

1. 本实验用低沸程的石油醚提取的脂肪是游离态脂类还是结合态脂类?

2. 在安装索氏提取器时应注意什么问题?

参考文献

1. 中科院上海植物生理研究所,上海植物生理学会. 现代植物生理学实验指南. 北京:科学出版社, 1999. 184

2. 上海植物生理学会. 植物生理学实验手册. 上海:上海科学技术出版社,1985. 198~199

3. 白宝璋,汤学军. 植物生理学测试技术. 北京:中国科学技术出版社,1993. 83~84

4. 杨建雄. 生物化学与分子生物学实验教程. 北京:科学出版社,2002. 20~21

实验30　碘价的测定
（Hanus 法）

目的意义　油料作物种子成熟初期,先形成饱和脂肪酸,然后由饱和脂肪酸脱氢形成不饱和脂肪酸。检测种子中脂肪酸的饱和程度可用碘值来表示,碘值是指碘与脂肪中 C＝C 键发生反应,100g 脂肪所吸收的碘量(g)。因此,碘值是鉴定和鉴别种子油脂的一个重要常数。

一、实验原理

在适当条件下,不饱和脂肪酸的不饱和键能与碘、溴或氯发生加成反应。由于碘与脂肪的加成作用很慢,故于 Hanus 试剂中加入适量溴,使产生溴化碘,再与脂肪作用。用过量的溴化碘与脂肪作用后,剩余的溴化碘与碘化钾作用析出碘,后者再用硫代硫酸钠滴定,即可求得脂肪的碘价。其反应如下：

$$I_2 + Br_2 \longrightarrow 2IBr$$

$$IBr(过量) + -CH = CH- \longrightarrow -CHI-CHBr-$$

$$KI + CH_3COOH \longrightarrow HI + CH_3COOK$$

$$HI + IBr(剩余) \longrightarrow HBr + I_2$$

$$I_2 + 2Na_2S_2O_3 \longrightarrow 2NaI + Na_2S_4O_6$$

二、材料、设备及试剂

1. **材料** 花生油、菜籽油等。

2. **设备** 碘瓶、锥形瓶、棕色酸式滴定管。

3. **试剂**

（1）Hanus 试剂：取 12.2g 碘，溶于 1000ml 冰乙酸（99.5%），边加边摇，同时水浴略温热，使碘溶解，冷却后，加溴水约 3ml。

（2）0.05mol·L^{-1}标准硫代硫酸钠：溶 25g 纯硫代硫酸钠于煮沸后刚冷的蒸馏水中，稀释至 1L，此溶液中可加少量（约 50mg）Na$_2$CO$_3$，数日后标定。

标定方法：准确称 0.15~0.20g 重铬酸钾 2 份，分别用 30ml 水溶于 500ml 的锥形瓶中，溶解后加入 2g 碘化钾及 6mol·L^{-1}HCl10ml，混匀，塞好，置暗处 3min，然后加水 200ml，用硫代硫酸钠滴定，当溶液由棕变黄后，加 1% 淀粉液 3ml，继续滴定至溶液呈淡绿色为止，按下列反应式计算硫代硫酸钠溶液的准确浓度。

$$K_2Cr_2O_7 + 6I^- + 14H^+ \longrightarrow 2K^+ + 2Cr^{3+} + 3I_2 + 7H_2O$$

$$I_2 + 2S_2O_3^{2-} \longrightarrow 2I^- + S_4O_6^{2-}$$

（3）1% 淀粉液：1g 可溶性淀粉先用少量冷水制成浆状，缓缓倒入沸水中，并用沸水定容至 100ml。

（4）15% 碘化钾溶液。

三、操作方法

1. 准确称取 0.2~0.4g 的花生油或菜籽油，置于碘瓶中，加 10ml 氯仿，使油全部溶解。用棕色滴定管加入 20mlHanus 试剂，塞好瓶塞，轻摇，避免溶液溅至瓶颈部及塞上，混匀后置暗处 30min，于另一碘瓶中加同量的试剂，但不加脂肪，作空白实验。

2. 30min 后，先注少量 15% 的碘化钾于瓶口，将玻塞稍打开，使碘化钾溶液流入瓶内，并继续由瓶口边缘加碘化钾溶液，共 20ml，再加水 100ml，混匀，随即用硫代硫酸钠溶液滴定，当瓶内液体呈淡黄色时，加 1% 淀粉液数滴，继续滴定，将近终点时（蓝色已很淡），加塞振荡，使其与碘完全作用，继续滴定至蓝色刚消失为止，记录所用硫代硫酸钠溶液的体积，用同法滴定空白。

四、实验结果

按下式计算碘价：

$$碘价 = \frac{(V_0 - V_1) \times C}{W} \times \frac{126.9}{1000} \times 100$$

V_0:滴定空白所用硫代硫酸钠溶液的量(ml)

V_1:滴定样品所用硫代硫酸钠溶液的量(ml)

C:硫代硫酸钠溶液的浓度(mol·L^{-1})

W:样品重量(g)

126.9:1molNa$_2$S$_2$O$_3$相当于碘的量(g)

思 考 题

1.根据化学反应类型,本实验采用的是哪种滴定法?

2.试分析本实验滴定误差的可能来源?

参考文献

1.杨建雄.生物化学与分子生物学实验教程.北京:科学出版社,2002.21~22

2.中科院上海植物生理研究所,上海植物生理学会.现代植物生理学实验指南.北京:科学出版社,1999.190~191

3.王三根,王西瑶.植物生理学.成都:成都科技大学出版社,1998.315~316

实验 31　植物多酚含量的测定

多酚类物质是植物体内的一大类次生代谢产物。多酚含量与植物抗虫、抗病性有关,高粱、豆类、茶叶等农产品中的多酚含量影响着其营养价值,在食品中有时要求一定量的多酚以保持恰当的风味或品质等等。因此快速、简便、准确地测定出各类样品中多酚含量是非常重要的。

植物多酚含量的测定方法有很多,可以分为化学分析法、蛋白质结合法、物理测定法三大类,而每类中又可细分为多种。在实际测定中需根据所测定的对象、多酚的类型、试样的量和多酚大致含量范围、所需仪器设备等因素选择适宜的测定方法。最常用的几种方法有:Folin－酚法、普鲁士蓝法、香草醛法、正丁醇－盐酸法、高锰酸钾法、酒石酸亚铁法。

Ⅰ.茶多酚含量的测定(酒石酸亚铁法)

目的意义　茶树中的多酚化合物泛指一类性质各异的多羟基酚衍生而成的复杂有机混合物。茶多酚在鲜叶中的含量可以反映茶叶次生代谢的强度,也可以作为预测茶叶品质的一个重要指标。茶多酚还具有抗氧化、降血脂、防癌、抑菌等药理功能。本实验用酒石酸亚铁法测定茶叶中多酚含量。

一、实验原理

茶多酚在 pH5.7 的缓冲溶液中与酒石酸亚铁试剂产生蓝紫色螯合物,在 540nm 处有最大吸收峰,在一定的浓度范围内,溶液的吸光度和多酚浓度呈线形关系。因此,用分光光度法测定茶多酚的含量。

二、材料、设备及试剂

1.**材料**　茶树鲜叶。

2. 设备 722 分光光度计、不锈钢剪刀、具塞三角瓶、试管、移液管等。

3. 试剂

(1)酒石酸亚铁试剂:1g 硫酸亚铁($FeSO_4 \cdot 7H_2O$)和 5g 酒石酸钾钠($KNaC_4H_4O_6 \cdot 4H_2O$)分别溶解于蒸馏水中,混合定容至 1L。

(2)pH5.7 磷酸缓冲液。

(3)其他:茶多酚(纯度大于 95%)、95% 甲醇。

三、操作方法

1. 标准曲线的制作 用茶多酚配制标准溶液,稀释成 0,20,40,80,100μg · ml^{-1} 系列浓度,分别取 2ml,加酒石酸亚铁试剂 2ml 和磷酸缓冲液 6ml,混匀后测 540nm 波长光密度,以茶多酚含量为横坐标,光密度值为纵坐标绘标准曲线。

2. 称取茶树鲜叶 2~5g,用不锈钢剪刀剪成碎片,置于三角瓶中,以 1g 鲜叶加入 10ml 95% 甲醇的比例加入提取溶剂,于沸水浴中浸提 30min,冷至室温,取 0.1ml 加 1.9ml 蒸馏水,2ml 酒石酸亚铁试剂和 6ml 磷酸缓冲液,混匀,于 540nm 波长下测光密度。

3. 根据样品所测出的光密度值,在标准曲线上查出茶多酚的含量。

四、实验结果

计算鲜叶样品中茶多酚的含量(以鲜重计)

$$茶多酚含量(mg \cdot g^{-1}FW) = \frac{m_x D \times 10^{-3}}{W}$$

D:样液稀释倍数

m_x:查标准曲线的多酚量(μg)

W:样品鲜重(g)

Ⅱ. 作物籽粒单宁含量的测定(Folin – Denis 法)

目的意义 单宁是一种多酚类化合物,在小麦、大麦、高粱以及多种食用豆类作物籽粒的种皮中单宁含量较高。本实验学习用 Folin – 酚法测定作物籽粒中单宁的含量。

一、实验原理

在碱性溶液中单宁类化合物可将钨钼酸还原(使 W^{6+} 变为 W^{5+}),生成蓝色的化合物,该产物在 760nm 处有最高吸收峰,其颜色的深浅与单宁含量成正相关,因此可用分光光度法测定单宁含量。

二、材料、设备及试剂

1. 材料 高粱、大麦、荞麦、小麦、豆类籽粒。

2. 设备 722 分光光度计、离心机、恒温箱、容量瓶、移液管、烧杯、漏斗等。

3. 试剂

(1)F – D 试剂:取 1000ml 烧瓶一只,加 750ml 蒸馏水,100g 钨酸钠,20g 磷钼酸和 50ml 85% 的磷酸,用橡皮塞塞紧,塞中插一干净的长 50~100cm 的细玻璃管(下端伸入溶液),将烧瓶置于电炉上(加石棉网),并固定在铁架上,文火煮沸 2h,勿使溶液从细管中喷出,冷却后用蒸馏水稀释至 1000ml。

(2)单宁酸标准液(0.1mg·ml^{-1}):精确称取单宁酸 0.1000g,用蒸馏水定容至 1000ml,现用现配。

(3)提取液:丙酮:水 =60:40

(4)饱和 Na_2CO_3 溶液

三、操作方法

1. **单宁的提取**　称取籽粒 5~10g,装于 100ml 烧杯中,加蒸馏水 50~60ml,放在 60℃左右的温箱中过夜,第二天将上清液过滤至 200ml 的容量瓶中;然后在样品中加入丙酮-水的提取液 40ml,浸提 20min,提取液过滤至 200ml 的容量瓶中,残渣再用 20ml 丙酮提取液提取 20min,过滤至容量瓶,定容,摇匀。取部分浸提液离心,上清液备用。

2. **标准曲线制作**　取 100ml 容量瓶 6 只,编号,依次加入单宁酸标准液 0、2、4、6、8、10ml;然后各加蒸馏水 70ml、F-D 试剂 5ml、饱和 Na_2CO_3 溶液 10ml,定容至 100ml,充分摇匀;30min 后用 760nm 波长比色,记录光密度值并绘标准曲线。

3. **样品测定**　取 100ml 容量瓶,加浸提液 1ml,蒸馏水 70ml、F-D 试剂 5ml、饱和 Na_2CO_3 溶液 10ml,定容至 100ml,充分摇匀;30min 后用 760nm 波长比色,记录光密度值。

四、实验结果

计算籽粒中单宁的含量

$$单宁含量(mg·g^{-1}) = \frac{m_x D}{W}$$

D:样品提取液占反应液的倍数
m_x:查标准曲线的单宁量(mg)
W:样品重量(g)

思 考 题

1. 如果对同一样品的植物多酚采用不同的定量测定方法,其测定结果有差异吗?
2. 试举一二种方法对植物多酚进行定性鉴定。

参考文献
1. 孙达旺. 植物单宁化学. 北京:中国林业出版社,1992. 31~32,388~392,411
2. 石碧,狄莹. 植物多酚. 北京:科学出版社,2000. 19~31
3. 中科院上海植物生理研究所,上海植物生理学会. 现代植物生理学实验指南. 北京:科学出版社,1999. 223~224
4. 白宝璋,汤学军. 植物生理学测试技术. 北京:中国科学技术出版社,1993. 118~119。
5. 葛宜掌,金红. 茶多酚提取新方法. 中草药,1994,VOL.25(3):124

实验 32　苯丙氨酸裂解酶的提取及活性测定

目的意义　苯丙氨酸裂解酶(PAL)是植物次生代谢关键酶之一,对植物体内的木质素、酚类、类黄酮、植保素、花青素等次生物质的合成具有重要调节作用。在对植物抗病性、组织褐变、花果色泽形成等生理研究中,常需测定 PLA 的活性。

一、实验原理

PAL 催化 L－苯丙氨酸脱氨形成反式肉桂酸。其反应为:

L－苯丙氨酸　　　　　　　　反式肉桂酸

反式肉桂酸在 290nm 波长处有最大光吸收值,在 1cm 光程下,OD290 每增加 0.01 就有 1μg 反式肉桂酸生成。采用紫外分光光度法,测定反应液在 290nm 处的光密度变化,即可计算出 PAL 的活性。本实验以每小时 290nm 处 OD 值增加 0.01 为 1 个酶活单位。

PAL 的纯化,则采用不同浓度硫酸铵溶液分级沉淀(盐析)方法,使酶与提取液中杂蛋白分离,从而使酶得到初步纯化。

二、材料、设备与试剂

1. **材料**　黄化水稻幼苗(30℃、黑暗中培养 5d)、马铃薯块茎或苹、梨等果实。

2. **设备**　高速冷冻离心机、紫外－可见分光光度计、组织捣碎机、电动搅拌器、水浴锅、容量瓶、漏斗、纱布、刀、剪等。

3. **试剂**

(1)0.1mol·L^{-1} Tris－H_2SO_4 缓冲液(pH8.3):配制 0.1mol·L^{-1} 的 Tris 溶液(含量 12.114g·L^{-1})和 0.1mol·$L^{-1}$$H_2SO_4$(含量 55.5ml·$L^{-1}$),将两种溶液按一定比例混合至 pH8.3。

(2)巯基乙醇(含量 14.6mol·L^{-1})

(3)乙二胺四乙酸钠(EDTA－Na)

(4)甘油

用以上四种试剂配制混合提取液:巯基乙醇 0.473ml、EDTA－Na 372.2mg、甘油 70g、加 0.1mmol·L^{-1} Tris－H_2SO_4(pH8.3)至总体积 1L。

(5)硫酸铵

(6)0.02mol·L^{-1} 苯丙氨酸(分子量 165.2)3.304g 苯丙氨酸溶于少量乙醇,加 Tris－H_2SO_4(pH8.3)至总体积 1000ml。

(7)0.05mol·L^{-1} Tris－H_2SO_4(pH8.8)。

(8)聚乙烯吡咯烷酮(PVP)。

三、操作方法

1. 酶的提取与纯化

(1)取在 30℃暗中培养 5d 的水稻幼苗 50g,剪成约 1cm 长的小段,放入预冷的组织捣碎

机中,加入预冷的 200ml 混合提取液,匀浆 1min(分 2 次进行,每次 30s,间隔 5s),用 4 层纱布过滤。滤液在 10000×g 离心 30min,弃沉淀。获上清液约 200ml(即酶液)。

(2)将 200ml 的酶制备液倒入 250ml 烧杯,并置于冰浴中。边搅拌边缓慢加入 45.2g 细硫酸铵粉末(30min 内加完),此时溶液中硫酸铵达到 40% 饱和度。再搅拌 15min,静止 10min 后,在 7500×g 离心 15min,弃沉淀。

(3)上清液再加一定量的硫酸铵以达到 70% 的饱和度(方法与上面的相同),然后再以 7500×g 离心 15min。弃去上清液后,将获得的沉淀复溶在 10ml 的提取液中。从中吸取 0.5ml,稀释 10 倍后暂存冰箱中待测。

注意事项:酶的提取纯化需在低温下进行。加(NH_4)$_2SO_4$ 时要慢,同时搅拌,要防止局部盐浓度过高。搅拌速度不要太快,以防止蛋白质表面变性。

2. PAL 活性的测定

(1)吸 1.0ml 0.02mol·L^{-1} 的 L-苯丙氨酸和 2ml 0.05mol·L^{-1} Tris-H_2SO_4 缓冲液(pH8.8)置试管中,另取一支试管加 3ml Tris-H_2SO_4 缓冲液作为空白,置 30℃ 水浴保温 3min(每一样品重复 2 组)。

(2)在各试管中加入 0.5ml 待测酶液,摇匀后(以空白做参比)立即在紫外分光光度计 290nm 波长下测定起始 OD 值,并精确计时。

(3)将测定后的各试管放入 30℃ 水浴保温反应至 30min,再次测定各管的 OD 值。

(4)参照实验 28 方法测定提取液的含氮量。

四、实验结果

按下式计算酶活力与酶比活力。

$$酶活力(u) = \frac{\Delta D_{290}}{0.01 \times t \times V} \times D \qquad\qquad (1)$$

$$酶比活力(u/mgN) = \frac{酶活力(u) \times 提取液总体积(ml)}{提取液含氮总量(mg)} \qquad (2)$$

ΔD_{290}:两次吸光度之差

t:反应时间(h)

V:测定用酶液(ml)

D:酶液稀释倍数。

思 考 题

1. 紫外分光光度法与可见光分光光度法测定可共用比色杯吗? 为什么?

2. 酶的比活力可按样品含氮量(1 式中分母项)也可按样品质量计算。哪一种更好? 为什么?

参考文献

中国科学院上海植物生理研究所,上海植物生理学会. 现代植物生理学实验指南. 北京:科学出版社,1999. 318~322

实验 33　花青素的测定

目的意义　花青素是类黄酮类色素花色素中最重要的一种,广泛存在于植物花、果实、茎叶中,对这些器官的观赏价值和商品性状有重要影响。本实验学习花青素的提取及测定方法。

一、实验原理

花青素在酸性溶液中呈红色,其颜色的深浅与花青素的浓度成正比。花青素酸性溶液的吸收高峰波长是 530nm,摩尔消光系数为 4.62×10^4,故可用分光光度法测定其含量。但是一些提取液中常有叶绿素存在,干扰测定。因此,需同时测定提取液在 629nm 和 659nm 波长下的光密度值,并用 Greesy 公式准确计算出花青素的光密度值,才能计算花青素的含量。

二、材料、设备及试剂

1. **材料**　红色苹果、草莓果实等。

2. **设备**　分光光度计、天平、打孔器(直径 1cm)、振荡器、水果刀、50ml 具塞三角瓶、50ml 容量瓶等。

3. **试剂**　$0.1mol \cdot L^{-1}$ 的盐酸甲醇溶液(8.3ml 浓盐酸用 95% 甲醇稀释成 1L)。

三、操作方法

1. **花青素的提取**　将果实用自来水洗干净,纱布擦干水分。削下果皮厚约 1mm、宽不少于 1cm,用打孔器取果皮圆片 10～15 片,投入三角瓶,加入 $0.1mol \cdot L^{-1}$ 盐酸甲醇溶液 15ml 左右,盖上瓶塞,32℃下暗中振荡提取至少 4h。其间更换提取液 3～4 次,每次用盐酸－甲醇液 6～7ml,至果皮无红色,合并各次提取液,转入 50ml 容量瓶,用盐酸甲醇溶液定容至刻度。若样品中花青素含量高,应增加浸提次数,合并各次浸提液,最后定容至 100ml。如果测定材料是果肉,则称取混合果肉 1～2g,提取方法同上。

2. **测定**　以 $0.1mol \cdot L^{-1}$ 盐酸甲醇溶液做参比液,在分光光度计上测定提取液在 530nm、620nm、650nm 波长下的光密度值。

四、实验结果

1. **计算花青素的光密度值**

$$OD_\lambda = (OD_{530} - OD_{620}) - 0.1(OD_{650} - OD_{620}) \tag{1 式}$$

2. **计算花青素含量**

$$花青素含量(nmol/cm^2) = \frac{OD_\lambda}{\varepsilon_\lambda} \times \frac{V}{S} \times 10^6 \tag{2 式}$$

OD_λ:花青素在 530nm 波长下的光密度

ε_λ:花青素摩尔消光系数 4.62×10^4

V:提取液总体积(ml)

S:取样面积(cm^2)

10^6:计算结果换算成 nmol 的倍数

思　考　题

1. 如样品不含叶绿素或含量极少可以忽略不计时,如何测定与计算花青素含量?

2. 是否所有红色果实或植物组织(如番茄、胡萝卜)都可以用本实验方法测定其红色色素的含量?

参考文献

1. 赵宗方,赵勇,吴桂法. 果实花青素含量与 PAL 活性关系的研究. 园艺学报,1994,21(2):199~200

2. 马志本,程玉娥. 关于苹果果实表面花青素含量的化学测定方法. 中国果树. 1984,4:50~52

3. 华中师范大学生物系植物生理教研室. 植物生理学实验指导. 人民教育出版社,1980.168~169

第七章 植物生长物质

实验34 植物生长调节剂对植物生长的影响

目的意义 理解 IAA、PP$_{333}$等生长调节剂的生理效应及效应特点;掌握鉴定其效应的实验方法。

Ⅰ.生长素类对根芽生长的影响

一、实验原理

不同浓度的吲哚乙酸(IAA)、萘乙酸(NAA)对植物生长产生不同影响。一般来说,低浓度的生长素类物质表现促进生长的效应,而高浓度则表现抑制生长的作用。不同植物器官对生长素敏感程度不同,根较芽敏感,生长素的最适浓度根低于芽。

二、材料、设备及试剂

1. **材料** 小麦种子或其他易发芽小粒型种子。

2. **设备** 层析玻缸、玻板、滤纸、移液管(10ml,1ml)、烧杯(50ml)、尖头镊子、米尺、游标卡尺、铅笔。

3. **试剂**

(1)100mg·L^{-1}NAA 溶液:在分析天平上称取 10mg 萘乙酸置于小烧杯中,加少量无水乙醇溶解,再加入适量的蒸馏水搅拌均匀。转入 100ml 容量瓶中,定容至刻度。

(2)0.1%(*W/V*)HgCl$_2$溶液:称取 0.1gHgCl$_2$溶于 100ml 蒸馏水中。

三、操作方法

1. **种子消毒处理** 精选饱满充实、胚完整的小麦种子或林木种子若干,用 0.1% HgCl$_2$消毒 15~20min 后,用自来水和蒸馏水各冲洗 3 次,用滤纸吸干种子上的水分。

2. **配制不同浓度萘乙酸溶液** 用 100mg·L^{-1}的萘乙酸溶液配制 1.0、0.1、0.01、0.001、0mg·L^{-1}等 5 种浓度萘乙酸溶液。将已消毒处理的种子分别置于各浓度溶液中(以淹没种子为度),浸种 24h。林木种子则分别用 100、10、0.1、0mg·L^{-1}萘乙酸溶液浸种 24h。

3. 取一张长方形滤纸,在纸上 1/3 和 2/3 高度位置用铅笔画两条直线(见图 15a)。用水将滤纸浸湿,再将滤纸铺在玻板上,将下部多出的滤纸贴在玻板背面。用米尺将 1/3 处的线压住,掀开上面的滤纸(见图 15b),用镊子将种子沿直线摆放(注:种子胚的方向要一致),每排放 25 粒种子,每处理 50 粒(一板)。摆好后,将滤纸盖上,用另一把米尺压在种子上方,轻轻将米尺压一下,以排除气泡。将米尺移到 2/3 处的线上(见图 15c),按同样的方法排放另外 25 粒种子。最后,盖上滤纸,将上方多出的滤纸贴在上端玻璃的背面(见图

15d)。注意,玻板与滤纸间不能有气泡,否则会导致种子漏掉或吸水不一致。

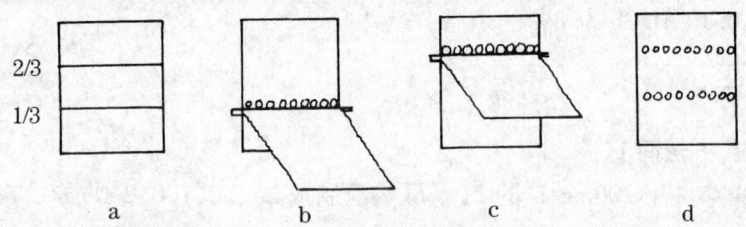

2/3

1/3

a　　　　　　b　　　　　　c　　　　　　d

图15　垂直玻板法示意图

(李方安绘)

4. 种子摆好后,将玻板垂直放入玻缸内,加蒸馏水刚好淹没玻板底部 1～2cm 高,盖上玻盖。

四、实验结果

三天至一星期后观察测定发根数、根长、芽长,按不同处理计算出平均值,将结果记载于下表,并比较确定对根、芽生长具有促进和抑制作用的萘乙酸浓度。

表24　不同浓度萘乙酸对根、芽生长的影响调查表

日期

NAA 浓度 (mg/L)	平均根数 (条/粒)	平均根长(cm)			平均芽长 (cm)
		第一条根	第二条根	第三条根	
0					
0.001					
0.01					
0.1					
1.0					

Ⅱ. PP₃₃₃ 对种子成苗的影响

一、实验原理

PP_{333}(国际用代号)通用名称是 Paclobutrazol,国内商品名为多效唑,代号 MET,属三唑类化合物,是一种高效的生长延缓剂。其主要生理效应是抑制顶端分生区细胞的伸长,导致植物节间缩短,植株矮化。PP_{333}用于浸种或幼苗期能培育根系粗壮,分蘖多的矮壮秧苗。本实验采用不同浓度 PP_{333} 浸种,以无营养基质或水培养幼苗以观察其对种子成苗的影响。

二、材料、设备及试剂

1. **材料**　小麦或其他小粒型种子。
2. **设备**　镊子、培养皿、滤纸、直尺、塑料窗纱、塑料杯等。
3. **试剂**

(1)200mg/L 的 PP_{333} 溶液　在分析天平上称取 1.3g 多效唑(15%可湿性粉剂),用少许蒸馏水溶解后,加水定容至1000ml。

(2)其他　0.1% $HgCl_2$、0.8%的琼脂。

三、操作方法

1. **种子消毒**,方法同Ⅰ。

2. **浸种与催芽**　用200mg/L的PP_{333}母液配制成25、50、100、200mg/L等四种浓度的PP_{333}液,以蒸馏水为对照,将已消毒的种子分别用五种溶液浸种24h后,将种子摆放在培养皿中,置于28℃温箱中催芽48h。注意观察萌发情况并补充水。

3. **幼苗培养与管理**

(1)基质培养　将发芽后的小麦种子移栽到以琼脂为基质的培养钵中,每钵种植25～30株,每种浓度种3钵。栽植方法:以镊子在琼脂面上戳一小孔,将发芽小麦种子的根全部埋入琼脂中,芽留于琼脂面上,栽好后在琼脂面上浇少量水。室温下培养一周后的幼苗即可用于测定。管理期间适量浇水,防止琼脂干燥。

(2)水培养　用橡皮筋将塑料窗纱紧扎在培养钵口上,再以镊子在塑料纱窗上戳成小孔,将种子根从小孔穿入杯中,每钵种植25～30株,每浓度重复3次。栽植完后,向培养钵中注满水使所有根能接触到水,将培养钵移至光线充足处,培养一周,即可用于测定。管理期间注意杯中水必须淹没幼苗根系。

4. **测定幼苗形态指标和生理指标**　株高、根数、根长、根系粗度的测定(用游标卡尺)、叶绿素含量、根系活力[参照实验5(Ⅲ)]。

四、实验结果

记录(参照实验Ⅰ记录表格)并分析实验结果。

思　考　题

1. 为什么用NAA、PP_{333}浸种前,种子要消毒?除$HgCl_2$外,可否用别的消毒剂?
2. 你能否设计另一个简单方法,观察NAA对种子根芽生长的影响?

参考文献

1. 涂大正. 植物生理学. 长春:东北师范大学出版社,1998. 396～397
2. 熊庆娥. 植物生理学实验(研究生用,内部资料). 1999,35～37

实验35　赤霉素打破种子和芽休眠效应

目的意义　理解赤霉素的生理作用;学习使用赤霉素打破植物休眠的方法;了解赤霉素在生产上的应用。

一、实验原理

赤霉素可诱导α-淀粉酶、蛋白酶和其他水解酶的合成,催化种子中贮藏物质的降解,以供胚的生长发育所需,因而用赤霉素处理小麦,可促进其萌发;赤霉素还可打破马铃薯芽的休眠,促进其发芽。

二、材料、设备及试剂

1. **材料** 小麦种子、马铃薯块茎。
2. **设备** 烧杯、镊子、培养皿、培养箱、洗净的河沙、种植盘等。
3. **试剂** 0.5、1、5、$20mg/L$ 的 GA_3 溶液;0.1% $HgCl_2$、0.1% $KMnO_4$。

三、操作方法

1. **小麦种子处理** 取新收获尚在休眠期的小麦种子(最好用红皮小麦,因其休眠期较长)两份,各 100 粒,用 0.1% 的 $HgCl_2$ 消毒 15min,蒸馏水冲洗 3 次,吸水纸吸干水分。分别用蒸馏水(作对照)和 $20mg/L GA_3$ 溶液浸种 24h,然后取出放在垫有湿滤纸的培养皿中,在 25℃左右培养箱中培养 3 天及 7 天的发芽势与发芽率。

2. **马铃薯块茎处理** 取中等大小,均匀一致的新收获马铃薯块茎 40 个,分为 4 份,将每一薯块十字形纵切为四块,使每一块上所带芽眼数目相近,先分别用冷水将切面上淀粉洗净,沥干水分,再将马铃薯切块,用 0.1% $KMnO_4$ 浸湿消毒,以防止腐烂。取 3 份分别浸入 $0.5mg/L$、$1mg/L$、$5mg/L$ 的 GA_3 溶液中,30min 后取出,以不浸 GA_3 为对照。将 4 份马铃薯块分别埋入盛有湿沙的种植盘中,于 20℃左右室温下催芽,一星期后比较不同处理马铃薯的发芽情况。

四、实验结果

1. 统计小麦种子在不同天数的发芽势与发芽率。
2. 比较不同浓度的 GA_3 处理后马铃薯的发芽情况。

思 考 题

1. 试设计不同 GA_3 处理时间对马铃薯发芽影响的实验。
2. 能否用赤霉素解除任何种子的休眠?

参考文献
1. 王忠.植物生理学.北京:中国农业出版社.2000,278
2. 四川农业大学植物生理教研组.植物激素类物质在农业生产上的应用(内部资料).1982,156～157
3. 潘瑞炽,董愚得.植物生理学(第三版).北京:高等教育出版社.1995,198

实验 36 乙烯利对果实、蔬菜的催熟作用

意义目的 乙烯几乎对所有的果实如柑橘、梨、香蕉、柿子、番茄、辣椒、西瓜及甜瓜等都有促进其成熟的作用。使用乙烯释放剂乙烯利(CEPA)促进果实成熟是果蔬生产上广泛应用的技术。本实验用不同浓度的乙烯利处理番茄果实,以了解乙烯的催熟作用和乙烯利在

生产上的应用。

一、实验原理

乙烯是植物体内的内源激素之一,其最重要的作用是促进果实成熟。生产上广泛采用乙烯释放剂催熟果实。乙烯释放剂有多种,其中生理活性较高的一种叫乙烯利(2 - 氯乙基膦酸)。乙烯利在 pH4 以上可以分解放出乙烯,pH 值愈高,产生的乙烯愈多。在植物组织内,一般 pH 为 5 ~ 6 左右。用乙烯利溶液处理未成熟的果实,进入植物体后能释放出乙烯,从而促进果实成熟。

二、材料、设备及试剂

1. **材料** 成熟度一致(果实果皮由绿转白)的番茄。
2. **设备** 硬度计、手持糖度计、大烧杯、容量瓶、量筒、移液管、塑料袋或纸箱。
3. **试剂** 乙烯利(浓度为 1000mg/L、2000mg/L、3000mg/L)。

三、操作方法

1. **浸果** 将采摘的转色期的番茄分 4 等份,每份至少 12 个,按处理编号。每份各取果实 3 个,测定果实硬度、可溶性固形物(TSS)。其余果实分别放入蒸馏水、1000、2000、3000mg/L 的乙烯利溶液中浸泡 1min,取出在阴凉处晾干表面水分,放入塑料袋或纸箱内,置于暗处储藏,温度保持在 22 ~ 25℃。

2. **测定** 从处理之日起每 3 天观察果实颜色变化情况,取样测定果实硬度、可溶性固形物(TSS)等,并作好记录。

四、实验结果

各次测定结果记录于下表,比较各处理的催熟效果。

表 25 不同浓度的乙烯利处理对番茄催熟的影响调查表

乙烯利浓度 (mg/L)	处理当日			处理后 3d			处理后 6d			处理后 9d		
	硬度 (kg/cm²)	TSS (%)	果面着色情况	硬度 (kg/cm²)	TSS (%)	果面着色情况	硬度 (kg/cm²)	TSS (%)	果面着色情况	硬度 (kg/cm²)	TSS (%)	果面着色情况
对照												
1000												
2000												
3000												

思 考 题

1. 使用乙烯利催熟果实,除浸果外,在生产上还采用哪些处理方法?

2. 乙烯利浸果后储藏时,为什么要将温度控制在 22 ~ 25℃?

参考文献

1. 江苏农学院.植物生理学.北京:农业出版社.1996(1):197~198

2. 涂大正.植物生理学.长春:东北师范大学出版社.1996,378

3. 李曙轩,蒋有条,傅炳通.乙烯利对番茄及西瓜的催熟作用.植物学报.1974,16(4):314~316

实验37 植物激素的提取与纯化

目的意义 由于植物激素在植物体内的含量很少,提取与纯化植物激素是进行植物激素测定的先决条件。用于高效液相色谱等仪器测定激素的提取过程十分复杂,而用于酶联免疫法测定,可以简化提取纯化过程。下述激素提取方法主要适用于酶联免疫法测定植物激素,也可用于激素生物鉴定,但用作生物测试法,应加大材料用量。

一、实验原理

根据植物激素的溶解性,可用80%的甲醇进行提取,然后离心去除植物残渣,调节pH值改变植物激素的溶解性,使其溶于极性相(水相),可用乙酸乙酯去除其中的色素干扰。调pH到2.5左右后,植物激素溶于酯相,减压浓缩后,获得较纯的植物激素。

二、材料、设备及试剂

1. **材料** 幼嫩的植物组织或器官。

2. **设备** 高速冷冻离心机、连续进样器、涡旋仪、离心管、研钵或匀浆器、试管、减压泵或旋转蒸发仪。

3. **试剂**

(1)稀释缓冲液 81.2mg $NaH_2PO_4 \cdot 2H_2O$、1.246g $Na_2HPO_4 \cdot 12H_2O$ 和3.51g NaCl 定溶至400ml。

(2)饱和正丁醇 85ml正丁醇加15ml无离子水混匀。

(3)其他:80%甲醇、乙酸乙酯、0.01mol·L^{-1} Na_2HPO_4,pH9.2、0.1mol·L^{-1} HCl、0.1mol·L^{-1} NaOH 等。

三、操作方法

见图16所示。

思 考 题

1. 在植物激素提取过程中,有两个步骤加入乙酸乙酯,有什么作用?

2. 用盐酸调节pH值对提取植物激素的作用是什么?

参考资料

张军.植物激素酶联免疫测定试剂盒的使用.大学科技.1992,(2):20~22

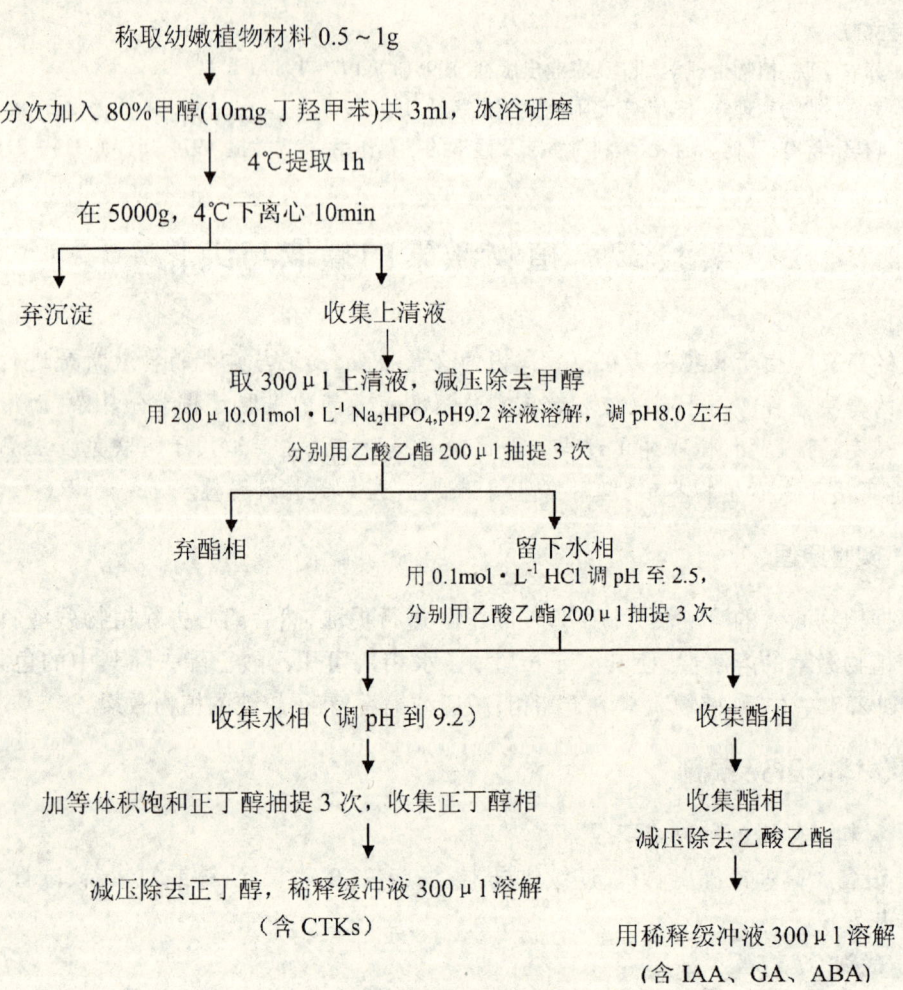

称取幼嫩植物材料 0.5～1g

分次加入 80%甲醇(10mg 丁羟甲苯)共 3ml，冰浴研磨

4℃提取 1h

在 5000g，4℃下离心 10min

弃沉淀　　　　　收集上清液

取 300μl 上清液，减压除去甲醇
用 200μl 0.01mol·L^{-1} Na$_2$HPO$_4$, pH9.2 溶液溶解，调 pH8.0 左右
分别用乙酸乙酯 200μl 抽提 3 次

弃酯相　　　　　留下水相
用 0.1mol·L^{-1} HCl 调 pH 至 2.5,
分别用乙酸乙酯 200μl 抽提 3 次

收集水相（调 pH 到 9.2）　　　　　收集酯相

加等体积饱和正丁醇抽提 3 次，收集正丁醇相　　　　　收集酯相
减压除去乙酸乙酯

减压除去正丁醇，稀释缓冲液 300μl 溶解
（含 CTKs）

用稀释缓冲液 300μl 溶解
（含 IAA、GA、ABA）

图 16　植物激素提取纯化流程

实验 38　植物激素的生物鉴定

目的意义　植物激素的鉴定方法有生物鉴定法、高效液相色谱(HPLC)、气相色谱(GC)和酶联免疫分析法(ELISA)等。生物鉴定法与其他方法相比，具有直观、易操作、费用较低等优点，但精确性不及其他方法。本实验介绍几种植物激素生物鉴定方法，可供选择使用。

Ⅰ.苋红素合成法鉴定细胞分裂素

一、实验原理

苋科植物中有些品种，在自然光照下叶片能合成鲜红色的苋红素，而在黑暗中不能合成苋红素。尾穗苋(*Amaranthun caudatus* L.)子叶在黑暗中无苋红素合成而呈白色；稍见光呈微红色；在提供激动素和酪氨酸的情况下，黑暗中萌发的子叶能合成苋红素而成红色。苋红素的合成量与激动素的浓度(0.01～3mg·ml^{-1}范围内)的对数成正相关。细胞分裂素类物质的这一效应具有很强专一性，用含细胞分裂素的溶液处理尾穗苋子叶，提取子叶苋红素，再用比色法即可测定出细胞分裂素的含量。

二、材料、设备及试剂

1. **材料**　尾穗苋(繁枝苋)种子。

2. **设备**　分光光度计、冰箱、暗室(具绿色安全灯)、直径 5cm 培养皿、10ml 刻度试度容量瓶(100ml、500ml)、刀片、镊子等。

3. **试剂**

(1)100mg · L^{-1} 激动素:10mg 激动素(6 – 糠基氨基嘌呤)溶于少量 0.1mol · L^{-1} 的盐酸(可在水浴上加热溶解),加 pH5.8 ~ 6.0 的磷酸缓冲液定容至 100ml。此母液在冰箱中可保存数月。

(2)L – 酪氨酸磷酸缓冲液(pH6.3):0.2g L – 酪氨酸溶于 5.5ml 0.5mol · L^{-1} 的盐酸(A 液);2.388g$Na_2HPO_412H_2O$ 和 0.907gKH_2PO_4溶于 200ml 蒸馏水(B 液),混合 A 液和 B液,加水定容至 500ml。

(3)饱和漂白粉溶液。

三、操作方法

1. **尾穗苋黄化苗的培养**　精选饱满种子,在饱和漂白粉溶液中浸泡 15min,自来水下冲洗 30min,播在垫有湿润滤纸的培养皿中,暗处 25℃下发芽 72h。在暗室绿光下,用镊子去掉种皮,取出带一段下胚轴的子叶备用。

2. 用 100mg · L^{-1} 激动素标准液和 pH6.3 的 L – 酪氨酸磷酸缓冲液,配制 0.01、0.05、0.1、0.5、1.0、5.0、10mg · L^{-1} 激动素系列浓度溶液。

3. 取 8 个培养皿编号,分别加入不同浓度激动素溶液 5ml,以 L – 酪氨酸磷酸缓冲液为对照。将子叶放入培养皿中,每皿 30 个,重复 2 次(做两组),在暗室中 25℃放置 20h 左右。

4. **苋红素的提取**　取出子叶,用滤纸吸干,分别放入盛有 4ml 蒸馏水的试管中,– 20℃以下速冻 2h,在 45℃水浴中溶化,以破坏细胞膜浸出苋红素。

5. **测定与标准曲线绘制**　在分光度计上测定苋红素的提取液 542nm 和 620nm 波长处的吸光度。A_{542}是苋红素最大吸光度值;620nm 波长处苋红素吸光度最小,A_{620}代表溶液浊度;A_{542} 与 A_{620}之差是苋红素的吸光度值。

根据计算出的苋红素的吸光度值与激动素的浓度绘制标准曲线。

6. **样品测定**　将纯化后的样品,用 L – 酪氨酸磷酸缓冲液(pH6.3)配制成一定浓度的溶液,用以处理尾穗苋黄化苗子叶,测定处理子叶苋红素的吸光度值,即可从标准曲线上查出样品液中激动素的浓度。

四、实验结果

根据测定结果计算出激动素浓度与其吸光度的相关方程,绘制标准曲线。

计算样品中细胞分裂素的含量(ng · g^{-1}Fw)。

思　考　题

1. 赤霉素抑制苋红素的合成,赤霉素含量越高苋红素的合成量越少。可以用苋红素合成法测定赤霉素含量吗? 如果可以,应当如何进行?

2. 测定细胞分裂素还有其他生物鉴定方法吗?

Ⅱ.水稻芽鞘点滴法鉴定赤霉素

一、实验原理

赤霉素具有促进幼苗节间伸长的生理效应,在矮生型植物上尤为显著。采用微量点滴法将含有赤霉素的溶液滴于水稻幼苗芽鞘处,则第二芽鞘伸长,其长度与赤霉素的浓度成正相关。据此即可确定植物组织提取液中赤霉素的含量。

二、材料、设备及试剂

1. **材料** 水稻种子(矮生型)。
2. **设备** 光照培养箱、搪瓷盘、微量注射器(1~10μl)、小尺子。
3. **试剂** 琼脂、饱和漂白粉、100mg·L^{-1}GA$_3$丙酮液(用50%丙酮配制)。

三、操作方法

1. **幼苗培养** 精选水稻种子,在饱和漂白粉中浸泡消毒30min,在流水下冲洗干净,在30℃黑暗中发芽2~3d。在搪瓷盘中加入0.8%的琼脂,深度1cm左右。待琼脂凝固后,将已发芽的种子分行种植于琼脂上,胚朝一个方向,每盘5行,疏密适当,用玻板将搪瓷盘盖上以防水分蒸发。将搪瓷盘放入光照培养箱,在30~32℃下,继续培养两天。

2. **点滴GA** 配制0、0.01、0.1、1.0、10mg·L^{-1}的GA$_3$丙酮溶液。选留第一完全叶的叶尖高出叶鞘2mm的苗,去掉生长不均匀的幼苗。用微量注射器将上述5种溶液分别滴加1μl在幼苗的胚芽鞘与不完全叶之间(见图17a),每浓度滴1行,每行不少于10株。继续光照培养3d。

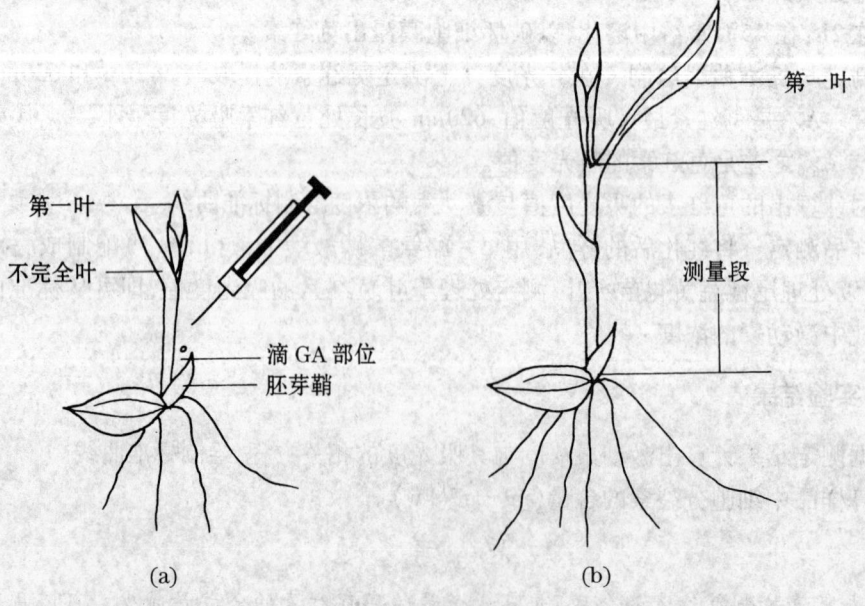

第一叶	第一叶
不完全叶	测量段
滴GA部位	
胚芽鞘	
(a)	(b)

图17　芽鞘点滴法测定赤霉素示意图

(熊庆娥绘)

3. **测量及绘制标准曲线**　3d 后,测量 GA₃ 各浓度处理的叶鞘长度(小苗基部至第一叶的叶舌,图 17b),测定 10 株。根据叶鞘平均值和 GA₃ 的浓度,用半对数纸绘制标准曲线。

4. **样品测定**　按照同样方法,将 GA₃ 待测液点滴于幼苗上,培养 3d 后,测定第一叶叶鞘长度。根据 10 株的平均值,从标准曲线上查出待测液中 GA₃ 的浓度。

思　考　题

1. 测定 CTK、GA₃ 含量还有哪些方法? 它们与生物试法各有何优缺点?
2. 生长素的生物试法及其原理是什么?

Ⅲ. 小麦胚芽鞘切段伸长法鉴定生长素

一、实验原理

生长素的重要生理效应之一是促进细胞的伸长,对离体器官胚芽鞘、茎段、根等的生长具有显著促进作用。将小麦、燕麦等禾谷类植物的胚芽鞘切段漂浮于含生长素的溶液中,切段将继续生长,在一定浓度范围内,切段长度的增加与生长素的浓度成正比。

二、材料、设备及试剂

1. **材料**　小麦种子。
2. **设备**　暗室、绿色安全灯、培养皿、有盖搪瓷盘、芽鞘切割器(可自制)、青霉素瓶、移液管米尺等。
3. **试剂**　漂白粉溶液、10mg·L⁻¹ 的 NAA(或 IAA)母液。

三、操作方法

1. **胚芽鞘的准备**　精选饱满小麦种子,用漂白粉液消毒 15min,在自来水下冲洗约 1h,蒸馏水中浸泡 2h。将消毒后的种子放入垫有湿润滤纸的培养皿中,在 25℃黑暗中发芽 24h,挑选萌发整齐的种子播种到盛有湿润石英砂的搪瓷盘中。播种方法是在砂盘中划出呈 45°斜面的浅沟,再将种子胚根朝下顺播种沟摆放,盖上搪瓷盘盖子以避光保湿,在 25℃下培养 48h,至苗高 2.7～3cm 时即可。

2. **切取胚芽鞘切段**　在暗室绿色安全灯下操作。挑选生长整齐的幼苗,用切割器将芽鞘切成 3 段,弃去芽鞘尖端段约 3mm(生长素合成部位)和基段,留中间段长 4mm(切割器刀片间距为 4mm),将其置于大量蒸馏水中漂洗 2h,以清除内源生长素,确保实验效果。

3. **生长素处理**　用 NAA(或 IAA)母液配制 0.01、0.1、1、10mg·L⁻¹ 系列浓度的生长素溶液,以蒸馏水为对照,依次吸取各液 2.5ml 分别置于 5 个编号的青霉素小瓶中。用滤纸将切段表面水分吸干,随机取切段分别放入各瓶中漂浮于液面,每瓶至少 10 个切段,重复 3 次。切段继续在黑暗中 25℃下培养 24h。如采用 IAA 处理切段,应使用旋转培养器,以消除极性的影响。

4. **测量与绘制标准曲线**　用米尺测量各处理切段的长度,计算各浓度中芽鞘增长百分率。根据芽鞘增长率及对应的生长素浓度绘制标准曲线。

5. **样品测定**　用生长素提取液处理小麦胚芽鞘切段、测定其增长率(方法同上),从标

准曲线上查出提取液的生长素浓度。

四、实验结果

根据测定结果计算芽鞘增长率和样品的生长素含量。

$$芽鞘增长率(\%) = \frac{处理芽鞘增长长度 - 芽鞘平均长度}{处理前芽鞘平均长度} \times 100\%$$

思 考 题

1. 赤霉素也有促进植物生长的效应,是否可以用胚芽鞘切段伸长法测定赤霉素的含量? 为什么?

2. 为什么采用胚芽鞘切段伸长法测定生长素含量要在暗室中进行?

参考文献

1. 北京植物生理学会. 植物生理学现代实验技术讲义. 北京. 1981. 82~90

2. 朱广廉,钟海文,张爱琴. 植物生理学实验. 北京:北京大学出版社,1990. 141~144,152~154

实验 39 酶联免疫吸附法测定植物激素

目的意义 植物激素由于在植物体内的含量很少,采用常规的测定技术十分复杂,酶联免疫法具有检测限低(10^{-16}~10^{-14}mol)、测定过程时间短、需样品量少、提取激素的过程较简单等优点,将其应用于测定植物激素具有明显的优势。酶联免疫法测定各种植物激素的基本原理和操作方法类似,本实验以测定 IAA 为例,学习掌握酶联免疫法测定植物激素的方法,理解其原理。

一、实验原理

实验原理参见第一章第九节

二、材料、设备及试剂

1. **材料** 幼嫩的植物组织或器官。

2. **设备** 酶联免疫检测仪、高速冷冻离心机、恒温箱、连续进样器、涡旋仪、96 孔或 48 孔微孔板、离心管、研钵或匀浆器、试管。

3. **试剂** IAA 酶联免疫测定药盒(厂家配有各种需要的缓冲液)、100% 甲醇、80% 甲醇、乙酸乙酯、0.1mol·L^{-1}HCl、2mol·L^{-1}H$_2$SO$_4$等。

三、操作方法

ELASA 测定 IAA 的过程如下(具体操作以购买药盒的说明书为准):

1. **包被** 在微孔板每孔中加包被液 100μl,37℃保温 2h 或 4℃过夜。

2. **洗板** 包被好的微孔板在室温下平衡,甩掉包被液,用洗涤缓冲液洗 3 次,在吸水纸上拍干。

3. 加入 $100\mu l$ 阻断液,37℃保温 20min。

4. **加样、加抗体** ①将激素标样($1000ng \cdot ml^{-1}$)按等比稀释成 10 种浓度即 1000、500、250、125、62.5、31.5、15.62、7.82、3.91、$2ng \cdot ml^{-1}$ 和 $0ng \cdot ml^{-1}$,用于制作标准曲线。在 96 孔板 A、B、C 三行按孔号依次加标样 $50\mu l/$孔,每浓度各加 3 孔。②加待测样品 $50\mu l$(视样品激素含量确定稀释倍数,通常为 10 倍)于其他孔。每个样品重复 3 次。③设空白孔,加稀释缓冲液 $50\mu l$。④除空白外,各孔均加抗体 $50\mu l$。空白加正常兔血清,供调零用。⑤加好后,37℃保温 20min。

5. **洗涤** 方法同(2)。

6. **加二抗** 每孔加入 $100\mu l$ 酶标二抗,37℃保温 1h。

7. **洗涤** 方法同上。

8. **加底物显色** 各孔加 $100\mu l$ 邻苯二胺溶液(黑暗下操作),37℃保温 20min。

9. **比色** 用 $50\mu l$ $2mol \cdot L^{-1} H_2SO_4$ 终止反应,在酶联免疫检测仪上 490nm,测定 OD_m。

四、实验结果

1. 按公式 $\ln\dfrac{OD/OD_0}{1-OD/OD_0}$ 计算各浓度 OD 值的 logist 值作为纵坐标,以 IAA 浓度的常用对数 lg[IAA]作横坐标,绘制标准曲线。

2. 计算样品 OD 值的 logist 值,在标准曲线查得 lg[IAA]值,求反对数即为被测样品液的 IAA 浓度。

3. IAA 含量$(ng \cdot g^{-1} \cdot FW) = (C \times V \times D) \div W$

C:IAA 浓度$(ng \cdot ml^{-1})$

V:提取液体积(ml)

D:稀释倍数

W:样品鲜重(g)

思 考 题

1. ELISA 测定植物激素的优缺点是什么?

2. 简述 ELISA 测定植物激素的原理?

参考文献

1. 张军. 植物激素酶联免疫测定试剂盒的使用. 大学科技. 1992,(2):20~22

2. 李合生. 植物生理生化实验原理和技术. 北京:高等教育出版社,2000.231~234

第八章　植物的生长发育

实验40　种子生活力的快速测定

目的意义　种子生活力即种子发芽潜力,是鉴定种子质量、研究种子生理、种子贮藏生理的重要指标。用直接发芽的方法测定发芽率所需时间较长,特别是有时为了应急需要,没有足够的时间来测定发芽率,或遇到休眠种子暂时不能发芽时,可用快速测定法在较短时间内获得结果。本实验介绍 TTC 法、红墨水染色法及 BTB 法。

Ⅰ. TTC 法

一、实验原理

有生活力的种子呼吸作用新产生的 NADH 能还原 TTC,生成红色 TPE,将胚染成红色,无生活力的种子没有呼吸代谢活动,不能还原 TTC,所以胚部不着色。反应式参见实验5(Ⅲ)。

二、材料、设备及试剂

1. **材料**　水稻、小麦、大麦、玉米或林木种子。
2. **设备**　恒温箱、烧杯、单面刀片、镊子、玻板等。
3. **试剂**　0.5% TTC 溶液:称取 TTC 0.5g 放烧杯中,加少许 95% 乙醇溶解,再用蒸馏水稀释至 100ml,溶液避光保存于棕色瓶中。若发红时,不能再用。

三、操作方法

1. **浸种**　将待测种子用 30 ~ 35℃温水浸泡数小时(小麦、大麦、籼稻 6 ~ 8h)。
2. **显色**　取吸胀种子 50 粒,用刀片沿种子胚的中心线纵切为两半,各置一烧杯中,将其中一杯煮沸 5 ~ 10min 作对照。向两个烧杯加入适量的 0.5% TTC(以淹没种子为度),然后置于 30℃恒温箱中 0.5 ~ 1h。观察记录种胚着色情况,凡胚被染成红色的为活种子。

四、实验结果

$$种子生活力(\%) = \frac{活种子数(粒)}{测定种子总数(粒)} \times 100\%$$

Ⅱ. 红墨水染色法

一、实验原理

植物活细胞的原生质膜具有选择透性,某些染料分子(如红墨水)不能透过,因而不能将种胚染色。而死的种胚,其细胞膜结构破坏,选择透性丧失。因而,染料分子便能透过膜进入细胞内,将种胚染色。根据种胚的染色情况就可鉴定种子的生活力。

二、材料、设备及试剂

1. **材料**　各种植物的种子。
2. **设备**　培养皿、单面刀片、烧杯、镊子、电炉。
3. **试剂**　5%红墨水(红墨水5ml,加95ml水)。

三、操作方法

1. **浸种**　同TTC法。
2. **染色**　取吸胀的种子50粒,沿胚的中心线切为两半,各置一小烧杯中。将一杯煮沸5~10min作对照。分别向两杯加入5%红墨水(以淹没种子为度),染色5~10min(若温度高时间可短些)。倒去红墨水,用自来水冲洗种子多次,以洗去表面附着的染料,至冲洗液无色为止。凡种胚不着色或着色很浅的为活种子;凡种胚和胚乳着色程度相同的为死种子。观察记录种子染色情况。

四、实验结果

$$种子生活力(\%) = \frac{活种子数(粒)}{测定种子总数(粒)} \times 100\%$$

Ⅲ. 溴麝香草酚蓝法(BTB法)

一、实验原理

凡活细胞必有呼吸作用,吸收空气中的O_2,放出CO_2,CO_2溶于水成为H_2CO_3,使种胚周围环境的酸度增加。用溴麝香草酚蓝(BTB)来测定酸度的改变。BTB的变色范围为pH6.0~7.6,酸性呈黄色,碱性呈蓝色,中间经过绿色(变色点为pH7.1)。色泽差异显著,易于观察。

二、材料、设备及试剂

1. **材料**　植物种子。
2. **设备**　恒温箱、天平、培养皿、烧杯、镊子、漏斗、滤纸、琼脂。
3. **试剂**

(1)0.1%BTB溶液　0.1g BTB溶解于煮沸过的自来水中,然后用滤纸除去残渣。滤液若呈黄色,可加数滴稀氨水,使之变为蓝色或蓝绿色。此液可长期保存在棕色瓶中。

(2)1%BTB琼脂凝胶　取0.1%BTB液100ml置于烧杯中,另将1g琼脂剪碎后加入,用小火加热并不断搅拌。待琼脂完全溶解后,趁热倒入数个干洁的培养皿中,使成一均匀的薄层,冷却后备用。

三、操作方法

1. **浸种**　同TTC法。

2. 显色 取吸胀种子200粒整齐地埋于准备好的琼脂凝胶培养皿中(种子平放,间隔距离至少1cm)。然后将培养皿置于30~35℃下培养2~4h后,在蓝色背景下观察,如种胚附近呈现较深黄色晕圈则是活种子,否则是死种子。

四、实验结果

$$种子生活力(\%) = \frac{活种子数(粒)}{测定种子总数(粒)} \times 100\%$$

思 考 题

1. 为什么 TTC 法、BTB 法染色需要在 30~35℃恒温箱中保温,而红墨水染色法对温度无特殊要求?

2. 上述 3 种方法测定结果与实际发芽情况是否相符?为什么?

3. 为什么在配制 BTB 溶液时用煮沸的自来水,而不用蒸馏水?

参考文献

1. 朱广廉,钟诲文,张爱琴. 植物生理学实验. 北京:北京大学出版社,1990. 169~173

2. 柳青松,吴颂如,陈婉芬. 植物生理学实验指导书. 北京:中央广播大学出版社,1990. 49

实验41 萌发种子中淀粉酶活性的测定

Ⅰ.淀粉酶活性的简易测定

目的意义 在谷物种子的萌发中,主要贮藏物质淀粉经酶促水解作用转化成单糖,为种子呼吸与萌动提供了物质基础。通过本实验学习掌握谷物种子萌发时淀粉酶活性的简易测定和精确测定方法及淀粉水解过程检测方法。

一、实验原理

种子中主要淀粉酶催化淀粉水解的产物为一系列葡萄糖残基数不等的糊精,最终生成麦芽糖。淀粉及其水解产物遇碘,依次生成深蓝色、蓝色、紫色、红色复合物,最终无颜色反应。借此可检测淀粉水解(糖化)过程。定量测定淀粉糖化过程的时间长短,可用以表示酶活力的大小。

二、材料、设备和试剂

1. 材料 不同发芽天数的小麦、水稻幼苗。

2. 设备 天平、恒温水浴锅、研钵、白瓷点滴板、漏斗、漏斗架、培养皿、滤纸。

3. 试剂

(1)碘母液:$I_2$11g,KI22g,定容至500ml。

(2)碘液1:碘母液 15ml,加 KI8g,定容至500ml。

(3)碘液2:碘母液 2ml,加 KI20g,定容至500ml。

(4)标准糊精溶液:称取糊精 0.12g,悬浮于少量水中,再移至沸水中,冷却定容为200ml。取其中 1ml,加 3ml 标准稀碘液作为比较颜色。

(5)其他:1% 淀粉溶液($0.01g \cdot ml^{-1}$)、$0.2mol \cdot L^{-1}$(pH6)磷酸缓冲液、$I_2 - KI$ 溶液、标准糊精。

三、操作方法

1. 淀粉酶溶液的制备 将不同幼苗用水洗净,各称取幼苗胚乳部分 0.5g,分别置于研钵中,加 5ml 缓冲液,仔细研磨,滤纸过滤(或离心),用适量缓冲液冲洗,最后定容至 10ml。

2. 保温糖化 取 20ml1% 的淀粉溶液和 5ml 缓冲液于锥形瓶中,置于 35℃ 水浴中平衡 15min,加 1ml 制备好的酶溶液,摇匀,立即记时间。

3. 显色、观察和测定 吸取上述混合液一滴于白瓷反应板上,加一滴标准稀碘液,观察颜色,并将此颜色与前述之颜色对照(标准糊精溶液 1ml,加 3ml 标准稀碘液)比较。随时吸取比较,颜色相同即达到反应终点,记录糖化时间 t(分种)。

四、实验结果

$$淀粉酶活力(g \cdot g^{-1} FW \cdot min^{-1}) = \frac{V \cdot C}{m \cdot t}$$

V:底物淀粉液体积(ml)

C:淀粉液浓度($g \cdot m^{-1}$)

m:反应液中酶所相当的样品质量(g)

t:糖化时间(min)

思 考 题

1. 按淀粉酶活性简易测定法中所制备酶液含有多种淀粉酶,其中哪两种是主要的？它们的区别是什么？

2. 本实验的取样量(0.5g 胚乳)准确性受发芽天数、材料的含水量及取样时芽和胚乳的分离程度等多种因素的影响,如何才能降低取样误差？

参考文献

涂大正. 植物生理学. 长春:东北师范大学出版社,1989. 382

Ⅱ. α - 淀粉酶活性的测定(碘反应比色法)

一、实验原理

测定 α - 淀粉酶活性对研究种子萌发时的生理生化变化有重要意义。α - 淀粉酶能将淀粉分子的 α - 1.4 糖苷键任意切断成不同长度的片段(短糊精及少量麦芽糖和葡萄糖)。β - 淀粉酶则是从淀粉分子的非还原末端分解 2 个葡萄糖单位的 α - 1.4 糖苷键,生成麦芽二糖即 β - 极限糊精。β - 极限糊精在 620nm 处有最大吸收值,因其不具非还原性末端,不

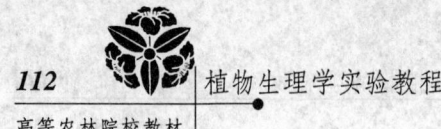

被 β - 淀粉酶作用只能被 α - 淀粉酶分解,而使反应体系在 620nm 处的光密度(OD_{620})下降,其下降值($\triangle OD_{620}$)与 α - 淀粉酶活性成正比。

根据上述原理,采用 β - 极限糊精作底物与淀粉酶提取液反应后,测定 620nm 光密度的变化,就能测出提取液中的 α - 淀粉酶的活性。将 620nm 处光密度每降低 0.1 定为 1 个酶单位(u),可计算出酶的比活力。

二、材料、设备及试剂

1. **材料** 不同萌发天数(1~9d)的水稻、小麦、玉米等禾谷类种子。

2. **设备** 分光光度计、研钵、试管、容量瓶、恒温水浴锅、离心机等。

3. **试剂**

(1)50m mol·L^{-1} Tris - HCl 缓冲液(pH7.0):内含 3m mol·L^{-1} $CaCl_2$ 和 4m mol·L^{-1} NaCl。

(2)I_2 - KI 溶液称 0.3gKI 溶于水中,再加入 0.1gI_2,待溶解后定容为 100ml。

(3)淀粉及 β - 淀粉酶。

三、操作方法

1. **底物(β - 极限糊精)制备**

1g(干重)马铃薯淀粉加 2ml 蒸馏水调匀,倾入 30ml 沸水中,煮沸并搅拌 2min,冷却至室温。另取 50mg β - 淀粉酶加 5ml 蒸馏水溶解。将酶液加入上述淀粉溶液中,调 pH4.5 至定容至 50ml,加入甲苯 10 滴,摇匀,在 30℃下放置 24h。放入冰箱保存,1~2 周内可用。用时取出,与室温平衡后再用。

2. **粗酶液制备**

取在黑暗中、30℃下萌发 1、2、3、4、5、6、7、8d 的水稻种子分别编号。去掉胚后,各称取 5g 胚乳,用 50mmol·L^{-1} 的 Tris - HCl 缓冲液洗涤后,置研钵中加 5ml 缓冲液充分研磨成匀浆,再加入 5ml 缓冲液,用三层细纱布挤压过滤。将滤液在 15 000×g 下离心 20min,收集上清液,残渣用 5ml 缓冲液洗涤后再离心。合并上清液,以 100 000×g 进一步离心 20min。最后的上清液即粗酶液,用 Tris - HCl 缓冲液定容至 25ml。

3. **α 淀粉酶活力测定**

取 9 支试管,依次编号 0~8 号,先向各管加入 0.2ml 极限糊精。然后向 0 号(对照)加入 Tris - HCl 缓冲液 0.2ml,其余 1~8 号分别加入相同编号的粗酶提取液 0.2ml,在 37℃水浴中保温 5min,立即向各管加入 0.5ml I_2 - KI 溶液终止反应。再各加 2ml 水。以 Tris - HCl 缓冲液作参比液,在 620nm 处测定各液光密度。

四、实验结果

1. 计算酶液的比活力,以 1~8 号管与 0 号管光密度的差值△A_{620}每减少 0.1 为 1 个酶活力单位(u),计算各提取酶液的活力单位。

2. 以发芽时间为横坐标,以酶活力为纵坐标作图,分析在种子萌发过程中,胚乳中 α - 淀粉酶活力的变化情况。

思 考 题

在 α–淀粉酶活性测定过程中,37℃保温时间限5min,立即中止反应。为什么此保温时间不能更长?

参考文献

1. 徐昌杰等. 淀粉含量测定的一种简便方法—碘显色法. 生物技术,1998.8(2):P41
2. 中国科学院上海植物生理研究所,上海植物生理学会. 现代植物生理实验指南. 北京:科学出版社,1999. 123

实验42 花粉生活力的测定

目的意义 花粉的育性与受粉受精密切相关。通过花粉生活力的测定,了解并掌握花粉生活力的测定方法,认识不育花粉的形态特征。

Ⅰ.碘染色法

一、实验原理

水稻、小麦、玉米等禾谷类植物的花粉粒属淀粉型花粉。其发育正常的成熟花粉粒充实饱满,并积累较多淀粉,可被 I_2–KI 染成蓝色。发育不良的花粉常呈畸形,积累淀粉极少或无淀粉,用 I_2–KI 染色时,不显蓝色,而呈黄褐色。

二、材料、设备与试剂

1. **材料** 水稻、玉米或小麦的成熟花粉。
2. **设备** 显微镜、镊子、载玻片、盖玻片等。
3. **试剂** I_2–KI 溶液:取 KI 2g 溶于 5~10ml 蒸馏水中,然后加入 1g I_2,待全部溶解后,再加蒸馏水至 300ml。贮于棕色瓶中备用。

三、操作方法

1. **材料的采集** 田间取成熟即将开放的花蕾(或花序)带回室内。
2. **染色与镜检** 取 1 个花药于载玻片上,加一滴蒸馏水,用镊子充分捣碎后,再加 1~2 滴 I_2–KI 溶液,盖上盖片,在显微镜下观察花粉着色情况。凡被染成蓝色的为生活力强的花粉粒,呈黄色的为无生活力花粉。观察三张片子,每片统计 3~5 个视野中花粉粒总数与着蓝色的花粉粒数。

四、实验结果

$$花粉生活力(\%) = \frac{蓝色花粉粒数}{观察花粉粒总数} \times 100\%$$

Ⅱ. 过氧化物酶测定法

一、实验原理

具有生活力的花粉含有活跃的过氧化物酶,此酶能催化过氧化氢氧化多酚和芳香族胺,产生有色产物而将花粉染色。无生活力的花粉没有此颜色反应,故颜色不变。依据花粉粒着色情况可确定其有无生活力。反应如下:

$$H_2O_2 \xrightarrow{\text{过氧化物酶}} H_2O + [O]$$

$$H_2N\text{—}\bigcirc\text{—}\bigcirc\text{—}NH_2 + 2 \underset{\alpha-\text{萘酚}}{\bigcirc\bigcirc\text{OH}} + 2[O]$$

联苯胺   α - 萘酚

$$\longrightarrow \bigcirc\text{—O—}\overset{H}{N}\text{—}\bigcirc\text{—}\bigcirc\text{—}\overset{H}{N}\text{—O—}\bigcirc + 2H_2O$$

对二萘氧基联苯胺(紫红色)

二、材料、设备及试剂

1. **材料** 各种植物的花粉。
2. **设备** 恒温箱、显微镜、载玻片、盖玻片、镊子。
3. **试剂**

(1)0.5% 联苯胺,称取 0.5g 联苯胺溶于 100ml 50% 乙醇中;

(2)0.5% α - 萘酚,称取 0.5g α - 萘酚溶于 100ml 50% 乙醇中;

(3)0.25% 碳酸钠 称取 0.25g 碳酸钠溶于 100ml 蒸馏水中;

取上述三种溶液等量混合即成花粉试剂,花粉试剂应贮于棕色瓶中。

(4)0.3% 过氧化氢。

三、操作方法

1. 在洁净的载玻片上放少量花粉,然后加花粉试剂与 H_2O_2 各一滴,用镊子捣匀后盖上盖玻片,置 30℃ 恒温箱中 5min。然后在显微镜下观察。如花粉粒呈红色,即有生活力(能萌发);如无色或黄色,则表明无生活力。

2. 制片 2~3 张,每片观察 5 个视野,统计花粉粒总数与着红色花粉粒数。

四、实验结果

按方法一中公式计算花粉生活力(发芽)百分率。

Ⅲ.TTC 法

一、实验原理

有生活力的花粉呼吸作用所产生的 NADH 能将 TTC 还原成红色的 TPF,从而被染成红色,没有生活力的花粉则不着色。反应式参见实验5(Ⅲ)。

二、材料、设备及试剂

1. **材料** 各种植物的花粉。
2. **设备** 恒温箱、显微镜、载玻片、盖玻片、镊子。
3. **试剂** 0.5%TTC 溶液:称取 TTC0.5g 用少量95%乙醇溶解,最后定容至100ml。

三、操作方法

1. 取少量花粉于载玻片上,加1~2滴0.5%TTC 溶液,盖上盖玻片,于35℃恒温箱中保温15min。
2. 将片子置于显微镜下观察,凡被染为红色的花粉为生活力强;淡红色次之;无色为没有生活力的花粉(不育花粉)。观察2~3张制片,每片统计5个视野的花粉粒总数和着色花粉数。

四、实验结果

按方法Ⅰ中公式,计算花粉生活力百分率。

思 考 题

1. 比较三种快速测定花粉生活力方法的适用范围。
2. 采集样本的放置时间对花粉生活力测定有无影响? 为什么?

参考文献
1. 华东师范大学生物系植物生理教研组. 植物生理学实验指导. 北京:人民出版社,1983.212~214
2. 四川农业大学植物生理教研组. 花粉生活力测定. 植物生理学实验指导(内部资料). 1982,168~171

实验43 聚丙烯酰胺凝胶电泳分离同工酶

目的意义 聚丙烯酰胺凝胶电泳(polyacrylmidegel electrophoresis,PAGE)是凝胶电泳技术之一种,其支持介质为聚丙烯酰胺凝胶。它具有设备简单、操作方便、时间短、样品用量少、不易扩散等优点,是当前分离鉴定蛋白质与同工酶方法中应用最广泛的一种。通过本实验掌握不连续系统凝胶电泳的基本原理和操作技术,并用垂直板型电泳方式分离植物同工酶。

一、实验原理

聚丙烯酰胺凝胶是由丙烯酰胺(Acrylamide,Acr)单体和交联剂甲叉双丙烯酰胺(N,N

－Methylane Bisacrylamide，Bis)在催化剂的作用下，聚合成的立体网状结构。其网孔大小可由凝胶的浓度调节，聚合速度可由催化剂及加速剂(四甲基乙二胺，TEMD)的浓度调节。聚合反应为：

$$\text{CH}_2=\text{CH}-\text{CO}-\text{NH}_{2+}$$

（Acr）

（Bis）

（聚丙烯酰胺）

聚丙烯酰胺凝胶电泳具有"分子筛效应"、"电荷效应"，本实验采用的不连续系统还具备第三重效应"样品浓缩效应"，因而分离效果好，分辨力高。"不连续系统"指凝胶由两层孔径大小不同的凝胶(样品浓缩胶与分离胶)组成，构成凝胶孔径不连续；同时两层胶中 pH 值和缓冲液成分不同，造成两层凝胶电位梯度不同，即电位梯度的不连续。因此，样品由浓缩胶到达下层分离胶界面时，被浓缩成一薄层，即产生"浓缩效应"。

样品中的蛋白质(或酶)由于所载电荷、分子量大小以及形状的不同，在电场中移动的速度不同，通过凝胶网孔的速度不同而被分离。电泳分离后的蛋白质(酶)经显色反应，在凝胶上产生不同谱带而被鉴定。

二、材料、设备及试剂

1. **材料** 麦芽、水稻芽或其他植物材料。

2. **设备** 垂直板型电泳槽、直流稳压电源(400～600 伏；50～100 毫安)、10ml、1ml 注射器,5 号细针头(长 8～10cm)、6 号弯针头、16 号粗针头,微量进样器,离心机(10 000g),研钵,日光灯(以核黄素为催化剂时用)。

3. **试剂配制**

(1)～(8)号试剂按下表配成贮备液,使用时按表中比例配成工作液。

(9)0.1% 的溴酚蓝水溶液。

(10)醋酸联苯胺溶液:0.1g 醋酸联苯胺溶于 100ml 水。使用前加入 5 滴 5% 双氧水。

(11)0.1mol·L⁻¹ pH5.0 的醋酸缓冲液:4.76g 醋酸钠溶于 400ml 水,用冰醋酸调至 pH5.0,定容至 500ml。

(12)0.1mol·L⁻¹ pH6.5 的磷酸缓冲液:分别配成 $0.2mol·L^{-1}$ 的 NaH_2PO_4 和 Na_2HPO_4 溶液,取前者 68.5ml,后者 31.5ml 混合加水至 200ml 即为 pH6.5 $0.1mol·L^{-1}$ 的磷酸缓冲液。

(13)0.04mol·L⁻¹ pH7.0 的磷酸缓冲液:取上述 NaH_2PO_4 贮液 39.0ml, Na_2HPO_4 61.0ml 混合,加水至 500ml。

表 26　(1)~(8)号试剂配方表

试剂名称	贮备液编号							
	(1)	(2)	(3)	(4)	(5)	(6)	(7)	(8)
$1mol \cdot L^{-1}HCl$	48ml			4.8ml				
Tris	36.6g			5.98g				3.0g
TEMDE	0.23ml			0.46ml				
Acr		28.0g			10.0g			
Bis		0.74g			2.5g			
过硫酸铵			0.56g					
核黄素						4.0mg		
蔗糖							40.0g	
甘氨酸								14.4g
加水至	100ml	100ml	100ml	100ml	100ml	100ml	100ml	500ml
pH	8.9			6.7				
工作液比例	分离胶 1号:2号:3号:水 = 1:2:1:4			浓缩胶 4号:5号:6号(或3号):7号 = 1:2:1:4				电极液用时稀释10倍

(14)1% 的淀粉溶液(用时配成):用 $0.04mol \cdot L^{-1}$ pH7.0 的磷酸缓冲液配成。

(15)I_2 – KI 溶液。

(16)脂酶染液:25mg α – 醋酸萘脂和 25mg β – 醋酸萘脂,溶于 2ml 丙酮,加水 50ml,坚牢蓝 R,用 $0.1mol \cdot L^{-1}$ pH6.5 的磷酸缓冲液稀释至 75ml。(用时现配)

(17)蛋白质染液用考马斯亮蓝或氨基黑。

三、操作方法

1. 酶液的制备　取发芽小麦(去胚乳)或其他种子发芽材料(根、叶、花、髓等均可)2g,加 5ml 电极缓冲液,冰浴中研磨。匀浆转入离心管,离心 10 分种(10 000g 下),取上层清液加 0.6g 蔗糖、2 滴溴酚蓝备用。

2. 分离胶的制备　先将玻板安装到电泳槽上或凝胶灌注架上,用琼脂封底部的口子。按试剂配制表比例配制分离胶 36~48ml。用注射器及粗针头将灌注胶液至玻板第一刻度处,灌胶时注意不要产生气泡,胶面要平整。灌好后立即用小号注射器轻轻在胶面上注上一层水,以隔绝空气促进聚合,并使胶面整齐。净置 40min,聚合好的凝胶应与水层间有明显界面,并略带乳白色。若聚合时间过长,可增加 TEMDE(加速剂)的用量。凝胶聚合完毕,用乳头吸管将水吸出并用小滤纸条轻轻吸干,再灌浓缩胶。

3. 浓缩胶的制备　按试剂配方配制浓缩胶 12~24ml,将其灌注到已聚合的分离胶上部,插入"梳子"以铸成样品槽。

若浓缩胶中的催化剂是核黄素,应在日光灯下进行聚合;以过硫酸铵作催化剂,则在室内自然状况下聚合。30~40min 后,聚好的浓缩胶明显呈乳白色,取出梳子。

4. **点样** 安装好垂直板型电泳槽,先向浓缩胶层的样品槽加入酶液 $20 \sim 50\mu l$,再向电泳槽缓缓注入电极缓冲液,勿扰动样品液。

5. **电泳** 将电泳槽上部电极与电源负极相连,下部电极与电源正极相连。打开电源开关电泳。应在 $4℃$ 左右温度下电泳,可采用通循环冷水、电泳槽置冰箱中或在冷室电泳的方法。开始电流 $1mA/cm$,待溴酚蓝带进入分离胶可加大电流至 $2 \sim 3mA/cm$,直至溴酚蓝带移动到距凝胶前沿约 $1cm$ 左右,关掉电源,停止电泳。

6. **取胶** 将凝胶板自电泳槽中取出,用注射器6号细长针头从浓缩胶一端注水到凝胶与玻板之间,使凝胶从玻板上滑脱。将凝胶放入盛蒸馏水的瓷盘或大培养皿中,漂洗数次。

7. **酶带染色**

(1)过氧化物酶染色

将漂洗的凝胶放入醋酸联苯胺溶液(试剂10)中,在 $25℃$ 下保温 $15min$,即可观察到由蓝色变为棕红色的过氧化物酶的区带。反应式参见实验42(Ⅱ)。

(2)淀粉酶染色(负染色法)

将胶块浸入 1% 的淀粉液,$30℃$ 左右保温 $30min$,以蒸馏水冲洗凝胶表面至无淀粉。再将凝胶浸入 $0.04mol \cdot L^{-1}$ $pH7.0$ 的磷酸缓冲液中,$30℃$ 下 $15min$。取出凝胶放入 $I_2 - KI$ 溶液数分钟,成负染色,即无酶的背景部分为蓝黑色,淀粉酶分布之处则为透明区。

(3)酯酶染色

凝胶放入酯酶染色液(试剂16),于 $25℃$ 下保温约 $30min$,可观察到棕红色的酯酶同工酶区带。其反应是酯酶使底物 $\alpha -$ 萘酯和 $\beta -$ 醋酸萘酯的酯链断裂,其水解产物可与坚牢蓝反应,生成棕红色物质。

(4)蛋白质染色

将胶块浸入固定液中固定 $30min$,取出放入考马斯亮蓝染色液中染色(过夜)。染色后凝胶在漂洗液中多次漂洗至去掉浮色,蛋白带清晰为止。

四、实验结果

绘出同工酶(或蛋白质)谱带图,标明酶带编号及前沿指示剂(溴酚蓝)的位置。计算各酶带的 R_f 值。

思 考 题

1. 同工酶分析有何应用价值?
2. 凝胶电泳操作中容易发生的主要问题是什么?怎样解决?

参考文献

1. 郭尧君. 蛋白质电泳实验技术. 北京:科学出版社,1999. 64 ~ 73
2. 中国科学院上海植物生理研究所,上海植物生理学会. 现代植物生理学实验指南. 北京:科学出版社,1999. 263 ~ 266
3. 朱广廉,钟海文,张爱琴. 植物生理学实验. 北京:北京大学出版社,1990. 193 ~ 199
4. 莽克强. 聚丙烯酰胺凝胶电泳. 北京:科学出版社. 1975

实验 44　植物器官的培养

目的意义　了解植物组织培养中脱分化与再分化的概念,学习诱导愈伤组织和正确地运用植物生长物质诱导植物形态建成的基本技术。

一、实验原理

植物组织在离体状态下,已经分化的细胞、组织和器官经人工培养又恢复分裂能力,形成一团无特定结构和功能的细胞团,即愈伤组织。这一过程称之为脱分化,而处于脱分化状态的愈伤组织或细胞再度分化形成不同类型细胞、组织、器官乃至完整小植株的过程称之为再分化。植物激素在外植体脱分化与愈伤组织的再分化过程中起着主要作用,培养基中生长素与细胞分裂素的浓度与比例,决定了根和芽的分化。

二、材料、设备及试剂

1. **材料**　发芽并长出绿色子叶的大豆芽;马铃薯茎尖(块茎发芽或取自田间)或菊花茎尖等。

2. **设备**　超净工作台、高压灭菌锅、冰箱、天平、剪刀、长镊子、尖嘴镊子、解剖刀、试管(1.5cm×1.5cm)、广口瓶、培养皿、培养室等。

3. **试剂**　(1)MS 培养基;(2)2,4 - D2mg · L^{-1};(3)KT1mg · L^{-1};(4)6 - BA1mg · L^{-1};(5)IBA0 · 2mg · L^{-1};(6)其他:蔗糖、琼脂、乙醇、0.1% HgCl$_2$(或次氯酸钠)、0.1mol · L^{-1}NaOH、0.1mol · L^{-1}HCl 等。

三、操作方法

1. **配制培养基**

(1)愈伤组织诱导培养基:MS 培养基 + 2,4 - D2mg · L^{-1} + KT1mg · L^{-1} + 2% 蔗糖 + 0.6% 琼脂,pH5.8。

(2)马铃薯茎尖培养基:MS 培养基 + 6 - BA1mg · L^{-1} + IBA0.2mg · L^{-1} + 2% 蔗糖 + 0.6% 琼脂,pH5.8。

(3)菊花茎尖培养基:MS 培养基 + 6 - BA2mg · L^{-1} + IBA0.2mg · L^{-1} + 2% 蔗糖 + 0.6% 琼脂,pH5.8

2. **外植体准备、消毒及接种**

(1)诱导愈伤组织的外植体:大豆芽用自来水冲洗,去掉表面污物,剪去根后在超净工作台上将大豆芽放入无菌的广口瓶中,加入少量75%的乙醇表面消毒材料 5 ~ 10s,再用 0.1% HgCl$_2$消毒 8min,用无菌水冲洗材料 3 ~ 4 次,备用。在无菌培养皿中,将子叶切成小块接种于愈伤组织诱导培养基上。

(2)马铃薯或菊花茎尖外植体:取顶芽或侧芽 1 ~ 2cm 长,除去外部易见小叶,自来水冲洗干净。在超净工作台上将顶芽或侧芽放入无菌的广口瓶中,加入少量的75%的乙醇表面消毒材料 15 ~ 20min,再用 0.1% HgCl$_2$消毒 10min,用无菌水冲洗材料 3 ~ 4 次,备用。在无菌培养皿中,用尖嘴镊子和解剖刀除去幼叶,制成带 3 ~ 4 个叶原基的生长点,这时外植体的大小约 0.3~0.5mm,接种于茎尖培养基上。

3. 培养

(1)诱导愈伤组织的材料在培养室中,培养条件为 28℃、散射光或黑暗条件下培养。

(2)茎尖培养的材料在培养室中,培养条件为 25℃,每天 16h 光照,光照强度为 1000Lx。

四、实验结果

1. 一周后观察外植体四周和表面逐渐形成愈伤组织。记录愈伤组织出现的时间,并调查污染情况。最后统计愈伤组织诱导率。

2. 一周后观察茎尖外植体生长状况,调查污染情况。统计从开始生长到形成根和苗所需时间和绿苗分化率。

思 考 题

1. 影响愈伤组织诱导率和绿苗分化率的因素有哪些? 试进行分析。

2. 进行植物快速繁殖时,一般采用茎尖做外植体并使之直接成苗,而不诱导愈伤组织再分化成苗,为什么?

参考资料

1. 张自立,俞新大. 植物细胞和体细胞遗传学技术与原理. 北京:高等教育出版社,1990. 142~157

2. 中国科学院上海植物生理研究所,上海植物生理学会. 现代植物生理学实验指南. 北京:科学出版社,1999. 26~28

3. 王忠. 植物生理学. 北京:中国农业出版社,2000. 325~328

实验 45 红光和远红光对植物光形态建成的影响

目的意义 光不仅影响植物的光合作用而且还影响植物的形态建成。通过本实验观察红光和远红光在植物形态建成过程中的作用,进一步理解光敏素的生理作用。

一、实验原理

不同的光质影响植物的形态建成。一般来说红光有利于植物的形态建成,而远红光或黑暗下生长的植物呈黄花现象(即茎叶淡黄、茎秆细长、叶小而不伸展,机械组织不发达、水分多而干重少)。用拟南芥作试材,分别进行红光照射、远红光照射和黑暗三种处理,观察拟南芥植株的形态特征,从而证明光敏素在植物形态建成中的作用。

二、材料、设备及试剂

1. **材料** 拟南芥或双子叶植物的种子。

2. **设备** 红光源(用 PG501/3 滤光片过滤 40W/15 红色荧光灯的光线)、远红光源(用 PG501/3 和 PG627/3 滤光片过滤日本东芝的 20WFR 荧光灯的光线)、暗室、冰箱、烘箱、超净工作台、高压灭菌锅、试管、镊子等。

3. **试剂** MS 培养基、漂白粉。

三、操作方法

1. 配制 MS 基本培养基,分装于试管并进行高压灭菌,备用。

2. 拟南芥种子预先在 1~6℃冰箱低温处理 3~4d 后,见光 1 天,用饱和漂白粉消毒 10min,无菌水冲洗 3 次,接种在 MS 培养基上,每管 2~3 粒种子。

3. 在 21℃条件下分三种处理:(1)红光连续照 6d;(2)远红光连续照 6d;(3)黑暗 6d。

4. 经 4~5d 后观察拟南芥植株经上述三种不同处理的形态特征。

四、实验结果

1. 比较三种处理后形态特征的差异。

2. 分别测定三种处理后拟南芥植株的株高、干重、叶绿素含量等指标。

思 考 题

1. 试分析在红光、远红光和黑暗三种条件下,植物体内光敏色素含量是否有差异? 为什么?

2. 除了本实验外,你还能设计出 1~2 个实验来证明光敏色素的存在吗?

参考文献

1. 中国科学院上海植物生理研究所,上海植物生理学会,上海植物生理学会. 现代植物生理学实验指南. 北京:科学出版社,1999. 231~232,234~235

2. 白宝章,汤学军. 植物生理学测试技术. 北京:中国科学技术出版社,1993. 138

第九章　逆境生理

实验46　植物抗逆性的鉴定
（电导率测定法）

目的意义　学习掌握电导仪使用方法；理解逆境对植物细胞膜的伤害。

一、实验原理

温度（高温或低温）胁迫、水分（干旱或涝害）胁迫、盐渍、病原物侵染可引起植物细胞膜不同程度的伤害，使膜的选择透性降低或丧失，导致细胞内电解质外渗，组织浸出液的电导率增大。通过测定组织浸出液电导率的变化即可反映出膜受害程度和植物抗逆性的强弱。

二、材料、设备及试剂

1. **材料**　植物叶片或枝条。
2. **设备**　电导仪、冰箱、恒温箱、真空抽气装置（或注射器）、小烧杯、量筒、刀片、打孔器、无离子水（或蒸馏水）。

三、操作方法

1. **用具清洗**　由于电导率变化极为灵敏，稍有杂质就产生很大误差，因而所有玻璃用具必须充分洗净。清洗顺序为：肥皂水洗后，以新配洗涤液洗，然后用自来水、蒸馏水（最好为无离子水）各淋洗3~4遍。将洗净的器皿置洁净并垫有清洁滤纸的瓷盘中，上面覆盖清洁纱布、自然干燥备用，或烘干后备用。

2. **材料处理**

（1）选取植物叶片（或枝条），以纱布擦去尘土，用打孔器取样三等份（也可用刀片切取等面积叶块或枝段）。第一份置−20℃冰柜中；第二份放在40℃或高于40℃恒温箱中各处理1h，第三份不作处理为对照（常温）。

（2）取出材料依次用自来水，无离子水冲洗数次，用洁净滤纸吸干水分，置烧杯中，再冲洗2~3次，各加20ml无离子水放入注射器抽气，或用真空泵抽气。抽完气连叶片和无离子水重新倒回各烧杯中。（整个过程不要用手接触材料，以防污染）室温下浸提1~2h。

3. **电导率测定**　用无离子水进行电导仪校正后，测定三种温度处理材料浸出液的电导率，记录并比较各处理对电导率的影响。

四、实验结果

用表格形式记录测定结果，并作分析理解。

附:电导仪使用方法(DDS - 11A 型)

1. 打开电源开关,将测量开关置校正档,预热 15min 左右。
2. 电极常数校正:用校正钮调节,使仪器显示电导仪实际常数值。
3. 测量:将测量开关置测量档,选用适当的量程档。将清洁的电极插入待测液中,仪器显示数值即为待测液在该溶液温度下的电导率。

思　考　题

1. 当不知被测溶液的电导率范围时,应如何选择测量档次? 为什么?
2. 是否可以用纯净的盐如 NaCl 溶液做标准曲线,用电导率测定法对细胞膜透性进行定量测定?

参考文献
1. 熊庆娥. 植物生理学实验(研究生用)1999. 31 ~ 32
2. 李合生. 植物生理生化实验原理和技术. 北京:高等教育出版社. 2000. 261 ~ 263

实验 47　游离脯氨酸的测定
(酸性茚三酮比色法)

目的意义　脯氨酸是植物体内最重要的渗透调节物质之一。当植物遭遇干旱、盐碱、高温、低温、大气污染等逆境时,体内游离脯氨酸的含量增高,抗性强的植物尤为显著。因此,常以游离脯氨酸含量作为植物多种抗逆性的指标。此外,花粉中游离脯氨酸的含量,还是一些植物(如水稻)花粉育性的指标。本实验学习测定植物组织中游离脯氨酸含量的方法。

一、实验原理

脯氨酸与茚三酮在酸性条件下,生成稳定的红色缩合物,该产物在 515nm 波长有最大吸收峰。红色产物生成量与脯氨酸含量成正比,故可通过比色法测定脯氨酸的含量。此反应中有一些干扰氨基酸,如甘氨酸、谷氨酸、天冬氨酸、丙氨酸、蛋氨酸、胱氨酸、苯丙氨酸、精氨酸等,可用人造沸石(permutit)除去。

二、材料、设备及试剂

1. **材料**　柑橘、小麦等植物叶片。
2. **设备**　分光光度计、水浴锅、离心机、振荡混合器(涡旋器)、漏斗、移液管、容量瓶、刻度试管、大试管、研钵等。
3. **试剂**　80% 乙醇、冰醋酸、标准脯氨酸溶液($100\mu g \cdot ml^{-1}$)、人造沸石。
酸性茚三酮溶液的配制:将 2.50g 茚三酮(重结晶)于 60ml 冰醋酸和 40ml 6mol·L^{-1} 的磷酸中加热(70℃)溶解。试剂 2 天内稳定。

三、操作方法

1. **脯氨酸的浸提**　取植物叶片 20 片剪碎混合,称取 0.2 ~ 1.0g,加少量 80% 乙醇,在研钵中研磨成匀浆(可加少许石英砂)。将匀浆转入大试管,用乙醇洗涤研钵,洗涤液转入试管,乙醇总量10ml左右,摇匀,加塞,黑暗中浸提2h(或在沸水浴中浸提20min)。同时,称一份样品烘干,测定叶片含水量。

2. **脱色与去杂** 向大试管加约0.25g活性炭和1g人造沸石,剧烈振荡5～6min(可在混合振荡器上振荡2min),过滤或离心,滤液入25ml容量瓶。用水洗涤试管、残渣,洗涤液一并转入容量瓶,加水定容至刻度。

(如上述样品液有绿色,应再取10ml左右加活性碳脱色、过滤,滤液入干燥试管。)

3. **显色反应** 吸取3ml滤液于干燥的15ml刻度试管,加3ml冰醋酸、3ml酸性茚三酮,用玻璃球盖住管口,置沸水浴中。同时,以80%乙醇代替滤液,作空白(显色同上)。反应15min,将空白及样品从沸水中取出,在冷水中冷却。

为避免加热中各管溶液蒸发减少而影响测定结果,应在加热后添加蒸馏水至原刻度处,或用5ml甲苯萃取红色物质。

4. **比色** 以空白为参比液,在分光光度计上515nm波长下测定样品反应液的光密度,根据光密度值从标准曲线上查出样品液的脯氨酸浓度。

5. **标准曲线的制作** 用标准脯氨酸溶液配制成含脯氨酸0、2、4、8、12、16、20$\mu g \cdot ml^{-1}$的溶液。按上述相同方法取各浓度溶液、冰醋酸、酸性茚三酮显色、比色。以脯氨酸浓度为横坐标,光密度为纵坐标绘制标准曲线。

四、实验结果

$$样品中脯氨酸的含量(\mu g \cdot g^{-1}dw) = \frac{C_X \times V}{dw}$$

C_x:样品液的脯氨酸浓度($\mu g \cdot ml^{-1}$)
V:提取液总体积(ml)
dw:样品干重(g)

思 考 题

1. 脯氨酸测定中主要误差来源是什么?应如何避免?
2. 酸性茚三酮比色法测定脯氨酸含量和茚三酮比色法测定氨基酸总量的区别是什么?

参考文献

1. 朱广廉,钟海文,张爱琴. 植物生理学实验. 北京:北京大学出版社,1990. 249～252
2. 华中师范大学生物系植物生理教研室. 植物生理学实验指导. 人民教育出版社,1980. 231～233

实验48 超氧物歧化酶(SOD)活性的测定

目的意义 超氧物歧化酶(superoxide dismutase,SOD)普遍存在于动、植物体内,是防御超氧阴离子自由基对细胞伤害的抗氧化酶,有CuZn-SOD、Mn-SOD和Fe-SOD三种类型,催化下列反应:

$$2O_2^- + 2H^+ \longrightarrow H_2O_2 + O_2$$

在抗性生理研究中常进行超氧物歧化酶活性的测定。

一、实验原理

超氧物歧化酶活性的测定是根据照光时,在有氧化物质存在下,核黄素可被光还原,而被还原的核黄素在有氧条件下极易再氧化而产生 O_2^-,O_2^- 将硝基四唑蓝还原为蓝色的甲腙,后者在 560nm 处有最大吸收峰,而 SOD 作为氧自由基的清除剂可清除 O_2^-,抑制了甲腙的形成,酶的活性越高,反应液的颜色越浅,酶的活性越低,反应液的颜色越深。通过反应液的颜色变化测定酶的活性大小。

二、材料、设备及试剂

1. **材料**　小麦叶片、烟草叶片。
2. **设备**　高速冷冻离心机、分光光度计、荧光灯、试管或指形管数支。
3. **试剂**
(1)0.5mol·L^{-1}磷酸缓冲液(pH7.8)
(2)130m mol·L^{-1}甲硫氨酸(Met)溶液:称 1.9339gMet 用磷酸缓冲液定容至 100ml。
(3)750μ mol·L^{-1}氮蓝四唑溶液:称取 0.06133gNBT 用磷酸缓冲液定容至 100ml 避光保存。
(4)100μ mol·L^{-1}LEDTA－Na$_2$,用磷酸缓冲液定容至 1000ml。
(5)20μ mol·L^{-1}核黄素溶液:称取 0.0753g 核黄素用蒸馏水定容至 1000ml 光保存。

三、操作方法

1. **粗酶液提取**
取一定部位的植物叶片 0.5g 于预冷的研钵中,加入 1ml 预冷的磷酸缓冲液,研磨成浆,在 2~4℃1000r·min^{-1}下离心 20min,上清液即为 SOD 粗提液,量取其总体积。

2. **酶活性测定**
取 4 支 5ml 指形管(要求透明度好),编号,其中 1、2 号为测定管,3、4 号为对照管,按下表加入各溶液:

混匀后将 1 支对照管置暗处,其他各管均置于 4000Lx 日光下反应 20min(要求各管受光情况一致,温度高,时间缩短,温度低时间延长)。反应结束后,以不照光的对照管作空白,在波长 560nm 分别测定各管的吸光度(A)。

四、实验结果

已知 SOD 活性单位以抑制 NBT 光化还原的 50% 为一个酶活性单位表示,按下式计算 SOD 活性。

$$SOD\ 活性(酶活单位 \cdot g^{-1}FW) = \frac{(A_1 - A_2) \times V}{1/2 \times A_1 \times W \times V_t}$$

A_1:照光对照管的吸光度
A_2:样品管的吸光度
V:样品液的总体积(ml)

V_t:测定样品时样品用量(ml)

W:鲜重(g)

表27　各溶液显色反应用量

试剂(酶) (ml)	管号			
	1	2	3	4
$0.05 mol \cdot L^{-1}$磷酸缓冲液	1.5	1.5	1.5	1.5
$130 m mol \cdot L^{-1}$Met 溶液	0.3	0.3	0.3	0.3
$750\mu mol \cdot L^{-1}$NBT 溶液	0.3	0.3	0.3	0.3
$100\mu mol \cdot L^{-1}$EDTA−Na_2	0.3	0.3	0.3	0.3
$20\mu mol \cdot L^{-1}$核黄素溶液	0.3	0.3	0.3	0.3
蒸腾水	0.25	0.25	0.25	0.25
	酶液 0.05	酶液 0.05	缓冲液 0.05	缓冲液 0.05
总体积	3.0	3.0	3.0	3.0

思　考　题

1. SOD 测定中为什么设照光和暗中两个对照管？

2. 本实验准确性的影响因素是什么？应如何克服？

参考文献

1. 中国科学院上海植物生理研究所,上海植物生理学会. 现代植物生理学实验指南. 北京:科学出版社,1999. 314~315

2. 李合生. 植物生理生化实验原理和技术. 高等教育出版社,2000. 167~169

3. 朱广廉,钟诲文,张爱琴. 植物生理生化实验原理和技术. 北京:北京大学出版社,1990. 242~245

实验49　膜脂过氧化产物丙二醛含量的测定

目的意义　植物遭遇逆境胁迫或衰老过程中,由于自由基、活性氧的积累引起膜脂过氧化,产生脂质自由基,进一步诱发膜脂连续过氧化并导致蛋白质交联变性,而引起细胞损伤或死亡。丙二醛(MDA)是膜脂过氧化的最终产物,通过其含量的测定可了解膜脂氧化伤害的程度,比较不同植物抗逆性的差异。

一、实验原理

在酸性和高温条件下,丙二醛(MDA)可与硫代巴比妥酸(TBA)反应,生成红棕色的产物三甲川(3,5,5−三甲基恶唑2,4−二酮)。该产物在532nm 处有最大吸收峰,测定反应产物在532nm 处的光密度值,可计算出 MDA 的含量。但植物组织中的可溶性糖亦可与 TBA 产生颜色反应,其产物对532nm 光的吸收干扰测定。采用双组分分光光度法及其计算公式,可排除干扰,计算出 MDA 的含量。

　硫代巴比妥酸　　丙二醛　　　　　　　　　　　三甲川,红棕色

二、材料、设备及试剂

1. **材料**　经逆境胁迫的或衰老植物叶片。
2. **设备**　分光光度计、离心机、铝锅、电炉、研钵、剪刀、试管。
3. **试剂**　10%三氯醋酸(TCA)、0.5%硫代巴比妥酸(TBA 以 10%三氯醋酸配制)。

三、操作方法

1. **MDA 的提取**　取叶片数片剪成 0.5cm² 左右的小块,称取 1g 置研钵中,加 2ml10% TCA 和少许石英砂,研磨成匀浆,加入 8ml10% TCA 继续研磨均匀。匀浆在 3000 ×g 下离心 10min,上清液即为提取液。

2. **显色测定**　10ml 刻度试管 2 支,一支加入上清液 3ml,另一支加水 3ml(空白),各加 0.5% 的 TBA 溶液 3ml,摇匀,在沸水浴中煮沸 10min(溶液出现小气泡开始计时),立即在冷水中冷却。如有沉淀,应离心。以空白作参比,在分光光度计 430nm、532nm、600nm 下测定样品反应液的消光值(用 1cm 光径的比色杯)。

四、实验结果

$$C(\mu\,mol \cdot L^{-1}) = 6.45(OD_{532} - OD_{600}) - 20.56OD_{450}$$

$$MDA\ 的含量(\mu mol \cdot g^{-1}FW) = \frac{C \times V \times 10^{-3}}{W}$$

OD_{532}、OD_{600}、OD_{450}:430nm、532nm、600nm 波长下的光密度

C:提取液中 MDA 的浓度($\mu mol \cdot L^{-1}$)

V:提取液的总体积(ml)

W:样品鲜重(g)

思　考　题

1. 为什么在逆境胁迫下植物体内会积累自由基?
2. 植物组织 MDA 的含量与组织浸出液电导率有何关系?

参考文献

1. 朱广廉,钟海文,张爱琴. 植物生理学实验. 北京:北京大学出版社,1990. 245~248
2. 赵世杰,李德全. 丙二醛的测定. 见:中国科学院上海植物生理研究所,上海植物生理学会. 现代植物生理学实验指南. 北京:科学出版社,1999. 305~306

实验50 植物膜脂脂肪酸含量的测定
（气相色谱法）

目的意义 植物膜脂分子是由极性基团与脂肪酸端基组成。脂肪酸种类甚多,在高等植物的膜脂中,以棕榈酸、棕榈酸油酸、硬脂酸、油酸、亚油酸、亚麻酸为主要成分。由于膜脂中的脂肪酸组分及含量与植物细胞膜的结构、流动性和功能密切相关,因此一般常以膜脂组分的气相色谱分析作为植物抗逆性研究中的一项技术。

一、实验原理

植物组织、细胞和各种膜系统可用氯仿 – 甲醇溶液研磨提取膜脂中的各种类脂,在碱性条件下水解出高级脂肪酸,并制成甲酯,将含有混合脂肪酸的膜脂样品注入气相色谱后,通过进样口快速升温汽化后被载气带入层析柱,根据各个组分在分离柱中保留时间不同而被分离。用标准脂肪酸的保留时间定性各组分,然后通过峰面积归一化法可定量计算脂肪酸含量。

二、材料、仪器及试剂

1. **材料** 各种植物组织。
2. **仪器设备** 气相色谱仪、真空泵、10ml 具塞试管、2ml 尖底具塞指管、指形管等。
3. **试剂**
(1)醚 – 苯溶液:将一份石油醚(30 ~ 60℃沸程)与等体积的苯混合(V/V)。
(2)0.4mol · L^{-1}KOH – 甲醇溶液:称取 22.4gKOH 溶于甲醇中,并定容至 1000ml。
(3)氯仿 – 甲醇溶液(1:2V/V)。
(4)氯仿。
(5)0.76% NaCl 溶液无水乙醇。
(6)101 硅烷化白色担体(酸洗,60 ~ 80 目)。
(7)脂肪酸色谱标样。
(8)6% 聚二乙二醇丁二酸酯

三、实验步骤

1. **膜类脂样品的提取** 称取新鲜植物组织 5g,于 100℃下处理 5min,杀死酯酶。取出样品,冷至室温后将其剪成 1 ~ 2cm 的小段,放入研钵中,加入 10 ~ 15ml 的氯仿 – 甲醇溶液,研磨成匀浆,用 5 ~ 10ml 氯仿清洗 1 次,抽滤后将滤液合并。向滤液中加入 5ml 0.76% NaCl 溶液(氯仿:甲醇:水的比例为2:2:1.8),充分振荡 15min,静置到溶液分为两层后,收集下层溶液到指形管中,减压蒸干或氮气吹干后即为总类脂样品。

2. **类脂的甲酯化** 取 5 ~ 100μg 的类脂样品于 10ml 具塞试管中,加 1ml 石油醚 – 苯混合液和 1ml 0.4mol · L^{-1}KOH – 甲醇溶液,充分振荡后静置 15min 后加入 8ml 蒸馏水,充分振荡后静置到溶液分为清晰的两层,将上层清液吸入尖底具塞小指管,减压抽干可进行气相色谱分析。

3. 聚二乙二醇丁二酸酯(DEGS)层析柱的制备

(1)担体涂膜 将 DEGS 固定液溶于氯仿中,以能浸没担体为宜,再将 101 硅烷化白色担体倒入,用真空渗入法使固定液均匀地涂在表面,然后迅速倒在一个洁净的培养皿中摊薄,于通风橱内风干备用。

(2)装柱 取干燥洁净的层析柱,在出口处用干净的玻璃棉塞好,连接上减压抽气装置,边填装,边用橡胶管轻敲柱子,使柱子填装得均匀紧密,装完后再用玻璃棉塞住管口。

(3)层析柱的老化 将装好的层析柱在载气(N_2)流速 20ml·min^{-1},柱温 190~200℃的条件下老化 36h 以上。

(层析柱可直接购买,但新柱必须经过老化后才能使用)。

4. 样品分析

(1)调试气相层析仪 以岛津 GC-17A 为例,打开空气钢瓶、氢气钢瓶和氮气钢瓶,节通电源,然后打开空气、氢气和氮气表头调节气流量,使空气流速 450ml·min^{-1},压力 1.2kg·cm^{-2},氢气流速 40ml·min^{-1},压力 1.2kg·cm^{-2},氮气(载气)流速 40ml·min^{-1},压力 1.4kg·cm^{-2},选用氢火焰离子化检测器(FID),先点燃氢火焰,温度 200℃,调节柱温稳定在 190℃,汽化室、检测器温度为 250℃;纸速 5mm·min^{-1}。调好基线,仪器稳定即可进行样品分析。

(2)样品进样 用微量注射器吸取 0.5ml 甲酯化后的样品从进样孔注入层析柱,进样速度要快,可得到理想的层析图谱。

5. 样品的定性分析
称取适量的标准脂肪酸 0.1mg 于具塞试管中,滴加重氮甲烷乙醚溶液,边加边摇动,直至反应呈黄色,得到各种标准脂肪酸甲酯。然后将标准脂肪酸甲酯分别进行气相层析,得到以知标准脂肪酸的保留时间和峰面积,再以标准脂肪酸的保留时间确定样品的未知脂肪酸的种类,用峰面积归一化法计算其含量。(如果标准脂肪酸已经甲酯化,可省去甲基化步骤)。

四、实验结果

$$某脂肪酸的含量 = \frac{S_i}{S_1 + S_2 + S_3 + \cdots + S_n} \times 100\%$$

S_1、S_2、S_3、$\cdots S_n$ 为各脂肪酸的峰面积。

思 考 题

1. 在提取膜脂过程中应注意哪些影响因素,样品进样时应注意什么问题?
2. 测定植物样品中膜脂脂肪酸含量的意义是什么?

参考文献

1. 李合生. 植物生理生化实验原理和技术. 北京:高等教育出版社,2000. 227~229
2. 中国科学院上海植物生理研究所,上海植物生理学会. 现代植物生理学实验指南. 北京:科学出版社,1999. 297~298

第十章　综合性大实验

第一节　植物生理学大实验的基本要求

一、总的要求

植物生理大实验是继完成植物生理学实验基础段教学后的高级实践教学段。在此阶段，学生将通过自选实验题目、自拟实验方案、实施研究计划、处理数据资料及撰写研究简报等一系列具体教学环节，把已掌握的基本实验技术和基础理论逐步融会贯通并熟练运用。通过这一阶段学习，学生的自学能力、研究能力、分析与解决问题的能力及创新思维将得到全面的综合训练和较显著的提高。现将各教学环节及其基本要求分列于后。

二、选　题

植物生理大实验（以下简称大实验）是一次科学研究的实践或模拟训练。选题（立题）是从事任何科研工作的第一步。植物生理学研究的题目，一是来自本学科基础理论研究领域的前沿，一是来自农业生产实践即植物生理学的应用领域。通过查阅文献和调查，掌握两个领域中有哪些急待解决的问题，并从中选择研究项目。同时，选题还必须结合自身条件（技术、设备、经费等）考虑。当前，尤其要注意解决生产中的重大难题，这一类课题常与应用学科（如栽培、育种、环保、土化等）交叉。因此，提倡学科间协作，是现代植物生理学研究的趋势。大实验作为科研实践或模拟，选题原则与上述一致，但宜小不宜大，具有一定的实践意义即可。大实验的题目及研究内容，应涵盖尽可能多的技能训练与知识点，使学生得到更全面的训练。

三、试（实）验设计

题目确定后，应着手拟定实验方案，即进行实验设计。包括确定试验材料、处理设置、处理方法、调查测试项目及测定方法、工作进度安排、经费预算、预期结果等。一份好的实（试）验设计，不仅表现出内容、方法的先进性，而且整个方案还必须具备可行性、可靠性。要达到这样的要求，应通过查阅文献资料，了解他人在同类研究方面开展的工作并进行比较，避免重复研究，借鉴或改进研究方法，最后形成自己的设计方案。

生理学研究不仅有室内的，也有田间的。如某一生长调节剂对作物生长的调控试验，供试作物须种植田间，因此应按田间试验设计要求进行设计。可分单因素（如浓度）、多因素（如浓度、处理时间、处理方式等）分别选择恰当的设计方法，注意对照（0处理）与重复的设置。调查测试项目应紧扣实验目的，测试方法应准确、可靠、可行。工作进度安排应从查阅文献至最后完成研究报告，按阶段落实具体内容。学生大实验中的经费预算主要包括消耗性器材（试剂、植物样品）购置、资料费等。

四、试验方案的实施

按试验设计开展研究工作,处理、调查和观测必须按时进行,结果、数据应如实填写到原设计好的表格中。原始资料应妥善保存,不得改动! 发现问题及时解决,必要时可对原设计作一定调整甚至修改。计划实施中,应做到分工协作、积极认真,以严谨的科学态度做好每一项工作,使计划顺利完成。

植物生理学研究,相当部分内容是生理活性物质的测定,如酶活性测定,植物激素提取与测定等。因此,自室外采集样品及样品的保存方法十分重要。通常可用湿润纱布包裹好样品以防失水,并用冰瓶盛装材料,带回室内后应即时测定。若来不及测定的,应立即将材料速冻保存(液氮或 $< -20℃$ 冰柜)。若将材料在低温下制成丙酮干粉(抽提所含脂肪)则更容易长时间保存。

五、数据、资料处理

试验结束时,对所有数据资料应汇总和统计分析。要选用恰当的统计分析方法(计算机软件)处理数据,尽可能运用图、表展示试验结果。非量化指标及调查项目(如缺素症状)则可用照片、图片等反映。

六、撰写研究简报

一项研究的结果应当用论文或简报形式总结、发表。简报更适用于阶段性成果的及时发表。大实验的结果要求撰写成简报,包括题目、摘要、关键词、正文、参考文献目录等部分。各部分要求如下:

1. **题目**　题目应符合实验研究内容,字数不超过 20 个。署名按实际工作情况排序,也可为集体作者。

2. **摘要**　简要介绍该试验研究的主要结果。

3. **关键词**　列出文章题目中的词和出现频率最高的词 3~5 个。

4. **正文部分**

前言　简述选题的依据和进行该项实验研究的目的意义。

(1)材料与方法　试验时间与试验(或取样)地点;材料包括植物材料、主要设备、重要试剂等;方法包括实验设计、实验内容、调查测定项目与方法、统计分析方法等。

(2)结果与分析　实验结果(数据应经整理,统计分析)采用文字、图、表、照片等表示,对实验结果进行必要的解释说明。

(3)讨论　对试验研究的结果分析阐述、归纳总结,并与同类研究进行比较。

5. **参考文献**　按文中引用的先后为序,列出主要参考文献目录。每条目录应按照作者、篇名、出处(刊名或书名)、发表时间、期号、起止页码为序排列,以逗号隔开。在正文中引用之处,应加注所引文献的序号。正式发表的简报要求撰写英文摘要(含题目、摘要、关键词等),学生实验简报,则不作统一规定。附参考文献排列格式。

(1)专著排列格式　作者名．书名．出版地:出版社,年．起讫页码(以 ~ 相连),末尾无标点。

(2)刊物中的文章　作者名．篇名．刊名．年卷号(期号):起讫页码,末尾无标点。

＊作者3人以上写前三名,三人以下全写,以逗号相隔,末尾加圆点。以上格式中的标点符号不能任意改变。

第二节　综合性大实验的题目

一、组织形式

每小班按4~6人为一小组,自愿结合或由教师安排分组,每组确定一小组长,负责组织安排落实。以小组为单位,从建议题目中选择(或自拟)一个题目,集体研究制定出实验方案,经任课教师批准后实施。整个实验的程序及具体作法见第一节。

二、实验题目及提示

1. 溶液培养法研究植物矿质营养

(1)掌握溶液培养技术,注意完全营养液和缺素营养液(N、P、K、Mg、Ca、Fe)的配制以及培养过程中的关键技术问题。

(2)定期观察记录植株的生长状况、记录缺素症状。

2. 赤霉素打破马铃薯休眠的效应

(1)按照赤霉素的浓度和处理时间两因素设置试验处理,注意重复和对照的设置。

(2)正确运用统计分析方法处理试验数据,揭示不同浓度和不同处理时间的效应。

3. 种子萌发中呼吸作用及有机物变化的动态研究

(1)掌握呼吸速率及种子中主要有机物质含量变化的测定方法。

(2)通过对结果的分析掌握在种子萌发中的生理生化变化。

4. 赤霉素对大麦种子 α－淀粉酶形成的影响

(1)以揭示大麦种子不同部位和外源赤霉素对 α－淀粉酶形成的作用为目的,设计试验处理。

(2)掌握 α－淀粉酶的测定方法。

5. 乙烯对果实的催熟效应

(1)不同浓度乙烯利对不同种类果实的催熟效应。

(2)在果实成熟过程中的代谢变化(物质的转化和呼吸的变化)及其测定方法。

6. 干旱、盐碱和温度逆境对植物的影响

(1)可任选某一种逆境,比较不同植物之间的抗逆性,也可选择某一作物,比较其对不同逆境的抗性或不同逆境对其伤害。

(2)盐碱胁迫可选用溶液培养的方法,比较不同 pH 值对植物的影响。

(3)掌握植物抗性生理指标的几种测定方法。

7. 植物组织培养技术的研究

(1)比较不同培养基对同一外植体的诱导效应,或不同外植体对相同培养基的反应。

(2)研究某一植物脱分化、再分化的过程。

(3)熟悉组织培养的主要程序、操作方法及试验结果调查方法。

8. 作物光合作用生理生态研究

（1）对某一作物不同生育期光合生理进行系统测定，或不同栽培管理措施对某作物光合生理的影响进行比较研究。

（2）确定光合生理生态主要指标（如叶面积指数、叶绿素含量、比叶重、净同化率、群体消光系数、叶片水溶性蛋白含量等）及其测定方法。

9. 不同肥料配比及施肥量对作物生长发育的影响

（1）选取肥料（如 N、P、K 肥）对肥料配比和不同施肥量设置两因素试验，注意重复和对照。

（2）定期观察作物的外观形态，测定形态指标和生理指标；分析肥料配比和不同施肥量对作物的影响。

10. BA 对打破果树芽休眠的效应

（1）按照 BA 的浓度和处理时间两因素设置试验处理，注意重复和对照的设置；

（2）正确运用统计分析方法处理试验数据，揭示不同浓度和不同处理时间的效应。

11. 多胺对切花保鲜效应

（1）按照多胺的浓度和种类对不同鲜花设置试验处理，注意重复和对照。

（2）分析各处理中材料的衰老指标测定比较（如 pH 值的变化、可溶性糖含量、电导率、乙烯等）。

附　　录

附录一　植物生理学中常用法定计量单位及其换算

说明：下表中的法定单位包括国际单位制(SI)单位和国家选定的非SI单位。注明非法定单位的是习惯用单位，应予废止。

计量名称与代号	法定单位			常用倍数单位	
	中文名称	符号	换算关系	中文名(符号)	换算关系
时间	秒	s	1	纳秒(ns)	10^{-9}
	分	min	60	皮(克)秒(ps)	10^{-12}
	时	h	60^2	飞秒(fs)	10^{-15}
	日(天)	d	24×60^2		
长度 $l(L)$	米	m	1	千米(km)	10^3
				百米(hm)	10^2
				厘米(cm)	10^{-2}
				毫米(mm)	10^{-3}
				微米(μm)	10^{-6}
波长(λ)	纳米	nm		纳米(nm)	10^{-9}
面积 $A(S)$	平方米	m^2	1	平方分米(dm^2)	10^{-2}
	公顷	hm^2	10^4	平方厘米(cm^2)	10^{-4}
				平方毫米(mm^2)	10^{-6}
				非法定单位：亩	666.7
体积或容积 V	立方米	m^3	1	立方分米(dm^3)=升(L)	10^{-3}
	升	L	10^{-3}	立方厘米(cm^3)=毫升(ml)	10^{-6}
				立方毫米(mm^3)=微升(μl)	10^{-9}
质量(m)	千克(公斤)	kg	1	克(g)	10^{-3}
	吨	t	10^3	毫克(mg)	10^{-6}
	原子质量单位	u	1.660540 2×10^{-27}	微克(μg)	10^{-9}
				纳克(ng)	10^{-12}
摩尔质量(M)	千克每摩(尔)	kg·mol^{-1}	1	克每摩(尔)(g·mol^{-1})	10^{-3}

续表

计量名称与代号	法定单位			常用倍数单位	
	中文名称	符号	换算关系	中文名（符号）	换算关系
物质的量（n）	摩（尔）	mol	1	毫摩（尔）（mmol）	10^{-3}
				微摩（尔）（μmol）	10^{-6}
				纳摩（尔）（nmol）	10^{-9}
				皮摩（尔）（pmol）	10^{-12}
物质 B 的质量浓度（ρB）*	千克每立方米	$kg \cdot m^{-3}$	1	千克每立方分米（$kg \cdot dm^{-3}$）	10^{3}
	千克每升	$kg \cdot L^{-1}$	1	克每升（$g \cdot L^{-1}$）	10^{-3}
				毫克每升（$mg \cdot L^{-1}$）	10^{-6}
				微克每升（$mg \cdot L^{-1}$）	10^{-9}
	*物质的质量浓度是 B 物质质量除以混和物体积（m/v）			非法定单位:百万分浓度（ppm）相当于 $mg \cdot L^{-1}$（m/V）、$mg \cdot kg^{-1}$（m/m）或 $ml \cdot L^{-1}$（v/L）	
物质 B 的浓度（C_B）	摩（尔）每升	$mol \cdot L^{-1}$	1	毫摩尔每升（$mmol \cdot L^{-1}$）	10^{-3}
	摩（尔）每立方米	$mol \cdot m^{-1}$	10^{3}	微摩尔每升（$\mu mol \cdot L^{-1}$）	10^{-6}
				毫摩尔每毫升（$mmol \cdot L^{-1}$）	1
物质 B 质量摩尔浓度（m_B）	摩尔每千克	$mol \cdot kg^{-1}$		非法定单位:当量浓度（N）	$1mol \cdot L-1 \div$ 离子价数
压力、压强（P）	帕（斯卡）	Pa	1	兆帕（MPa）	10^{6}
				非法定单位:	
				巴（bar）	10^{5}
				大气压（atm）	1.01325×10^{5}
				毫米汞柱（mmHg）	133.322
能量（E）	焦尔	J	1	非法定单位:	
				卡（cal）	4.1868J
功（W）	千瓦小时	$kW \cdot h$	$3.6 \times 10^{6}J$		
摄氏温度（t）	摄氏度	℃	1		
热力学温度（T）	开（尔文）	K	273.15 + ℃	华氏度（°F）	32 + 1.8℃
光强度（I）	坎（德拉）	cd			
光亮度（L）	坎每平方米	$Cd \cdot m^{-2}$			
光通量（Φ）	流明	$1m = 1cd \cdot sr *$		*Sr 是立体角单位球面度的符号	
光照度（E）	勒（克司）	$lx = 1m \cdot m^{-2}$			

续表

计量名称与代号	法定单位			常用倍数单位	
	中文名称	符号	换算关系	中文名(符号)	换算关系
电流(I)	安(培)	A		千安(kA)	10^3
				毫安(mA)	10^{-3}
电压(V)	伏(特)	V		千伏(kV)	10^3
				毫伏(mV)	10^{-3}
电阻(R)	欧(姆)	Ω			
电导(G)	西门子	S		毫西门子	10^{-3}
	(姆欧)	℧		(mS)	
电导率(T)	西门子每米	$S \cdot m^{-1}$		毫西门子每厘米	10^{-3}
				($mS \cdot m^{-1}$)	
				微西门子每厘米	10^{-6}
				($\mu S \cdot m^{-1}$)	

附录二 化学试剂的分级

规格标准和用途	一级试剂	二级试剂	三级试剂	四级试剂	生物试剂
我国标准	保证试剂 G. R. 绿色标签	分析纯 A. R. 红色标签	化学纯 C. P. 蓝色标签	化学用 L. R.	B. R 或 C. R
外国标准	A. R. G. R. A. C. S. P. A. X. Ч.	C. P. P. U. S. S Purisms ЧДА	L. R E. P Ч	P Pure	
用途	纯度最高,杂质含量最少的试剂。适用于最精确分析及研究工作	纯度较高,杂质含量较低。适用于精确的微量分析工作,分析实验室广泛使用	质量略低于分析纯,适用于一般的微量分析实验	纯度较低,适用于一般的定性检验	根据说明使用

附录三　　常用酸碱及其他化合物的重要参数

名　　称	分子式	分子量	比重 （g·ml^{-1}）	百分浓度 （%）	当量浓度 （N）	摩尔浓度 （mol·L^{-1}）
盐酸	HCl	36.46	1.19	36.0	11.7	11.7
硝酸	HNO$_3$	63.02	1.42	69.5	15.6	15.6
硫酸	H$_2$SO$_4$	98.08	1.84	96.0	35.9	18.0
冰醋酸	CH$_3$COOH	60.03	1.06	99.5	17.6	56.9
氨水	NH$_4$OH	35.04	0.90	58.6	15.1	15.1
磷酸	H$_3$PO4	98.00	1.69	85.0	44.1	14.7
甲酸	HCOOH	46.63	1.21	97.0	25.5	25.5
过氯酸	HClO$_4$	100.50	1.67	70.0	11.65	11.65
2-巯基乙醇		78.13	1.14	100.0	14.6	14.6
巯基乙酸		92.12	1.26	80.0	10.9	10.9
吡啶	C$_5$H$_5$N	79.10	0.98	100.0	12.4	12.4

附录四　　　几种常用缓冲液的配制

1. 甘氨酸-HCl 的缓冲液（0.05mol·L^{-1}）

pH	X	Y	pH	X	Y
2.2	50	44.0	3.0	50	11.4
2.4	50	32.4	3.2	50	8.2
2.6	50	24.2	3.4	50	6.4
2.8	50	16.8	3.6	50	5.0

甘氨酸分子量是 75.07，15.01g 溶于水定容至 1L，即 0.2mol·L^{-1}。

X 毫升 0.2mol·L^{-1}甘氨酸 + Y 毫升 0.2mol·L^{-1}HCl 加水稀释至 200ml。

2. 柠檬酸 – 柠檬酸钠缓冲液(0.1mol · L⁻¹)

pH	0.1mol · L⁻¹柠檬酸(ml)	0.1mol · L⁻¹柠檬酸钠(ml)	pH	0.1mol · L⁻¹柠檬酸(ml)	0.1mol · L⁻¹柠檬酸钠(ml)
3.0	18.6	1.4	5.0	8.2	11.8
3.2	17.2	2.8	5.2	7.3	12.7
3.4	16.0	4.0	5.4	6.4	13.6
3.6	14.9	5.1	5.6	5.5	14.5
3.8	14.0	6.0	5.8	4.7	15.3
4.0	13.1	6.9	6.0	3.8	16.2
4.2	12.3	7.7	6.2	2.8	17.2
4.4	11.4	8.6	6.4	2.0	18.0
4.6	10.3	9.7	6.6	1.4	18.6
4.8	9.2	10.8			

柠檬酸:$C_6H_8O_7 \cdot H_2O$,分子量是210.14,21.02g 溶于水定容至 1L,即 0.1mol · L⁻¹。

柠檬酸钠:$Na_3C_6H_5O7 \cdot 2H_2O$,分子量是 294.12,29.41g 溶于水定容至 1L,即 0.1mol · L⁻¹。

3. 醋酸(HAC) – 醋酸钠(NaAC)缓冲液(0.2mol · L⁻¹)

pH(18℃)	0.2mol · L⁻¹ NaAC(ml)	0.2mol · L⁻¹ HAC(ml)	pH(18℃)	0.2mol · L⁻¹ NaAC(ml)	0.2mol · L⁻¹ HAC(ml)
3.6	0.75	9.25	4.8	5.90	4.10
3.8	1.20	8.80	5.0	7.00	3.00
4.0	1.80	8.20	5.2	7.90	2.10
4.2	2.65	7.35	5.4	8.60	1.40
4.4	3.70	6.30	5.6	9.10	0.90
4.6	4.90	5.10	5.8	9.40	0.60

$NaAC \cdot 3H_2O$,分子量是 136.09,27.22g 溶于水定容至 1L,即 0.2mol · L⁻¹。

0.2mol · L⁻¹HAC 液含 11.55ml 冰醋酸/L。

4. 磷酸缓冲液 I (1/15mol · L⁻¹)

pH	1/15mol · L⁻¹ Na_2HPO_4(ml)	1/15mol · L⁻¹ KH_2PO_4(ml)	pH	1/5mol · L⁻¹ Na_2HPO_4(ml)	1/15mol · L⁻¹ KH_2PO_4(ml)
4.92	1.0	99.0	7.17	70.0	30.0
5.29	5.0	95.0	7.38	80.0	20.0
5.91	10.0	90.0	7.73	90.0	10.0
6.24	20.0	80.0	8.04	95.0	5.0
6.47	30.0	70.0	8.34	97.5	2.5
6.64	40.0	60.0	8.67	99.0	1.0
6.81	50.0	50.0	9.18	100.0	0.0
6.89	60.0	40.0			

$Na_2HPO_4 \cdot 2H_2O$,分子量是 178.05,11.876g 溶于水定容至 1L,即 1/15mol · L⁻¹。

KH_2PO_4,分子量是 136.09,9.078g 溶于水定容至 1L,即 1/15mol · L^{-1}。

5. 磷酸缓冲液 II (0.2mol · L^{-1})

pH	0.2mol · L^{-1} Na_2HPO_4(ml)	0.2mol · L^{-1} NaH_2PO_4(ml)	pH	0.2mol · L^{-1} Na_2HPO_4(ml)	0.2mol · L^{-1} NaH_2PO_4(ml)
5.7	6.5	93.5	6.9	55.0	45.0
5.8	8.0	92.0	7.0	61.0	39.0
5.9	10.0	90.0	7.1	67.0	33.0
6.0	12.3	87.7	7.2	72.0	28.0
6.1	15.0	85.0	7.3	77.0	23.0
6.2	18.5	81.5	7.4	81.0	19.0
6.3	22.5	77.5	7.5	84.0	16.0
6.4	26.5	73.5	7.6	87.0	13.0
6.5	31.5	68.5	7.7	89.5	10.5
6.6	37.5	62.5	7.8	91.5	8.5
6.7	43.5	56.5	7.9	93.5	7.0
6.8	49.0	51.0	8.0	94.5	5.3

$Na_2HPO_4 2H_2O$,分子量是 178.05,35.61g 溶于水定容至 1L,即 0.2mol · L^{-1}。

NaH_2PO_4 · H_2O 分子量是 138.05,27.6g 溶于水定容至 1L,即 0.2mol · L^{-1}。

6. Tris – 盐酸缓冲液(0.05mol · L^{-1})

pH		0.2mol · L^{-1}	0.1mol · L^{-1}	pH		0.2mol · L^{-1}	0.1mol · L^{-1}
23℃	37℃	Tris(ml)	HCl(ml)	23℃	37℃	Tris(ml)	HCl(ml)
9.10	8.95	25	5.0	8.05	7.90	25	27.5
8.92	8.78	25	7.5	7.96	7.82	25	30.0
8.74	8.60	25	10.0	7.87	7.73	25	32.5
8.62	8.48	25	12.5	7.77	7.63	25	35.0
8.50	8.37	25	15.0	7.66	7.52	25	37.5
8.40	8.27	25	17.5	7.54	7.40	25	40.0
8.32	8.18	25	20.0	7.36	7.22	25	42.5
8.23	8.10	25	22.5	7.20	7.05	25	45.0
8.14	8.00	25	25.0				

Tris(三羟甲基氨基甲烷)分子量是 121.14,24.23g 溶于水定容至 1L,即 0.2mol · L^{-1}。

Xml 0.2mol · L^{-1} 三羟甲基氨基甲烷 + Yml 0.1mol · L^{-1} HCl 加水稀释 100ml。

7. 硼酸 – 硼砂缓冲液

pH	0.05mol · L^{-1} 硼砂(ml)	0.2mol · L^{-1} 硼酸(ml)	pH	0.05mol · L^{-1} 硼酸(ml)	0.2mol · L^{-1} 硼酸(ml)
7.4	1.0	9.0	8.2	3.5	6.5
7.6	1.5	8.5	8.4	4.5	5.5
7.8	2.0	8.0	8.7	6.0	4.0
8.0	3.0	7.0	9.0	8.0	2.0

硼砂:$Na_2B_4O_7 \cdot 10H_2O$,分子量是381.43,19.07g溶于水定容至1L,即0.05mol·L^{-1}。

硼酸:H_3BO_3分子量是61.84,12.37g溶于水定容至1L,即0.2mol·L^{-1}。

硼砂易失去结晶水,必须放带塞的瓶中保存。

8. 巴比妥缓冲液

pH (18℃)	0.04mol·L^{-1} 巴比妥钠盐(ml)	0.2mol·L^{-1} 盐酸(ml)	pH	0.04mol·L^{-1} 巴比妥钠盐(ml)	0.2mol·L^{-1} 盐酸(ml)
6.8	100	18.4	8.4	100	5.21
7.0	100	17.8	8.6	100	3.82
7.2	100	16.7	8.8	100	2.52
7.4	100	15.3	9.0	100	1.65
7.6	100	13.4	9.2	100	1.13
7.8	100	11.47	9.4	100	0.70
8.0	100	9.39	9.6	100	0.35
8.2	100	7.21			

巴比妥钠盐分子量是206.2,8.25g溶于水定容至1L,即0.04mol·L^{-1}。

附录五 溶液配制方法

1. 固体溶质百分浓度溶液的配制

(1)重量百分浓度(W/W) 指100g溶液中所含溶质的克数。配制时,须分别计算并称取溶质与溶剂的重量,再将其混和。

$$溶质重量 = 溶液重量 × 浓度(\%,W/W)$$

$$溶剂重量 = 溶液重量 - 溶质重量$$

(2)重量/体积百分浓度(W/V)指100ml溶液中所含溶质克数

$$溶质重量 = 溶液体积 × 浓度(\%,W/V)$$

称取计算得出的溶质重量(若溶质含结晶水应再折算),溶于少量溶剂(如水),继续添加溶剂至欲配制总体积。

2. 混和溶液配制方法

当溶质、溶剂都是溶液时,也可配制成不同百分浓度的稀溶液。

(1)重量百分浓度(W/W)

采用十字交叉法,计算出浓溶液(相当于溶质)和溶剂(或较稀溶液)的重量,将二者混和即为欲配制的溶液。

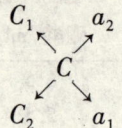

C:欲配浓度($\%,W/W$)

C_1:浓溶液浓度($\%,W/W$)

C_2:溶剂(或较稀溶液)浓度($\%,W/W$)

a_1:浓溶液用量(重量)$a_1 = C_1 - C$

a_2:溶剂(或稀溶液)用量(重量)$a_2 = C - C_2$

例：将 95% 乙醇，配成 75% 溶液。其方法是：

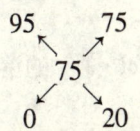

取 95% 乙醇 20 分重量，加 75 份重量的纯水。

(2)重量/体积百分浓度(W/V)　指 100ml 溶液中，所含溶质的克数。

计算取用浓溶液重量时，须注意其含量。一些腐蚀性强的浓溶液不宜使称量，应按其比重折算成体积量取。

例：用浓 H_2SO_4（含量 98.08%，比重 1.84）配成浓度为 10%(W/V)的稀 H_2SO_4 500ml。其配制方法如下：

$$浓\ H_2SO_4\ 重量(g) = \frac{稀\ H_2SO_4\ 体积 \times 稀\ H_2SO_4\ 浓度}{浓\ H_2SO_4\ 含量}$$

$$= \frac{500 \times 0.10}{0.9808} = 50.9788$$

$$浓\ H_2SO_4\ 体积(ml) = \frac{稀\ H_2SO_4\ 重量}{比重}$$

$$= \frac{50.9788}{1.84} = 27.1$$

量取 27.71ml 浓 H_2SO_4 缓慢倒入约 400ml 纯水中搅匀，再加水至总量 500ml。

计算公式：　　　$$浓溶液体积 = \frac{稀溶液体积 \times 稀溶液浓度}{浓溶液含量 \times 浓溶液比重}$$

3. 摩尔浓度溶液的配制

(1)一定摩尔浓度的溶液

摩尔浓度(C_B)指 1 升溶液中所含溶质(B)的摩尔数($mol \cdot L^{-1}$)，亦可指每千克溶液所含溶质(B)的摩尔数($mol \cdot L^{-1}$)，后者称为质量摩尔浓度(m_B)。

$$C_B = \frac{溶质摩尔数}{溶液体积\ V(升)} = \frac{溶质的重量/M}{V}$$

∴ 溶质的重量 $= C_B \cdot V(升) \cdot M*$　　　　(*M 为溶质的摩尔质量)

例1：配制 500ml 0.2mol·L^{-1} 的 NaOH 溶液，其方法如下：

　　NaOH 的重量 $= 0.2 \times 0.5 \times 40 = 4(g)$

称取 4g NaOH 溶于少量水，再继续加水至总体积 500ml(0.5L)。

例2：用浓盐酸(12mol·L^{-1})配制 0.3mol·L^{-1} 的稀盐酸 2L，其方法如下：

$$浓\ HCl\ 体积\ V' = \frac{稀\ HCl\ 体积\ V \times 稀盐酸浓度\ C_B}{浓\ HCl\ 的浓度\ {C_B}'}$$

$$= \frac{2L \times 0.3mol \cdot L^{-1}}{12mol \cdot L^{-1}}$$

$$= 0.05L \qquad (即\ 500ml)$$

取 50ml 浓盐酸加入蒸馏水中，继续加水至总体积 2 升。

(2)一定摩尔浓度的溶液的稀释和浓缩

对溶液的稀释和浓缩常用的公式：$C_1V_1 = C_2V_2$　　其中 C_1, C_2 表示起始浓度和最终浓度，而 V_1, V_2 则是对应的体积，每对单位都必须相同。

例:将 400ml 5mol·L^{-1}的 KCl 溶液稀释到 1mol·L^{-1},则代入公式:

$$5 \times 400 = 1 \times V_2,\ 得\ V_2 = 2000ml$$

即在 400ml 5mol·L^{-1}的 KCl 溶液中加蒸馏水至 2000ml,便成 1mol·L^{-1}的溶液。

4. 当量、克当量、当量数的计算

当量或克当量的提法已废除,但在旧的教科书里可能会遇到。

(1)当量与克当量

$$当量 = \frac{式量}{n} \qquad 克当量 = \frac{物质摩尔质量(g)}{n}$$

n 随反应不同而不同。对酸碱类物质,n 为解离的 H$^+$ 数或 OH$^-$ 数;对盐类物质,n 为阳(阴)离子的总价数;在氧化还原反应中,n 为电子得失数。

(2)当量浓度(N)

1 升溶液中含溶质的克当量数

$$克当量数 = \frac{物质质量(g)}{当量}$$

例:0.5N 的硫酸溶液含有硫酸的量为:$0.5 \times 49.04 = 24.5g·L^{-1}$

附录六　硫酸铵饱和度计算表

硫酸铵最后浓度(饱和度%)

硫酸铵的初浓度(饱和度%)	10	20	25	30	33	35	40	45	50	55	60	65	70	75	80	90	100
					1升溶液中需要加入的固体硫酸铵克数												
0	56	114	144	176	196	209	243	277	313	351	390	430	472	516	561	662	767
10		57	86	118	137	150	183	216	251	288	326	365	406	449	494	592	694
20			29	59	78	81	123	155	189	225	262	300	340	382	424	520	619
25				30	49	61	93	125	158	193	230	267	307	348	390	485	583
30					19	30	62	94	127	162	198	235	273	314	356	449	546
33						12	43	74	107	142	177	214	252	292	333	426	522
35							31	63	94	129	164	200	238	278	319	411	506
40								31	63	97	132	168	205	245	285	375	469
45									32	65	99	134	171	210	250	339	431
50										33	66	101	137	176	214	302	392
55											33	67	103	141	179	264	353
60												34	69	105	143	227	314
65													34	70	107	190	275
70														35	72	153	237
75															36	115	198
80																77	157
95																	79

*表中硫酸铵饱和溶液以 25℃,4.1mol·L^{-1}计算(0℃时为 3.9mol·L^{-1})。在温度变化不大时,应用表中数值可以不考虑温度因素。

附录七　植物组织培养常用培养基配方

(单位:mg·L⁻¹)

药品 ＼ 培养基	MS(1962)	White(1963)	B₅(1968)	N₆(1974)	H(1967)
大量元素					
NH₄NO₃	1650	—	—	—	720
(NH₄)₂SO₄	—	—	134	463	—
KNO₃	1900	80	2500	2830	950
KH₂PO₄	170	—	—	400	68
MgSO₄·7H₂O	370	720	250	185	185
CaCl₂·2H₂O	440	—	150	166	166
KCl	—	65	—	—	—
Ca(NO₃)₂·4H₂O	—	300	—	—	—
Na₂SO₄	—	200	—	—	—
微量元素					
NaH₂PO₄·H₂O	—	16.5	150	—	
KI	0.83	0.75	0.75	0.8	—
H₃BO₃	6.2	1.5	3.0	1.6	10
MnSO₄·4H₂O	22.3	7.0	—	4.4	25
MnSO₄·H₂O	(16.9)	—	10	—	—
ZnSO₄·7H₂O	8.6	3	2	1.5	10
Na₂MoO₄·2H₂O	0.25	—	0.25	—	
CuSO₄·5H₂O	0.025	—	0.025	—	0.025
CoCl₂·6H₂O	0.025	—	0.025	—	—
Na₂-EDTA	37.3	—	37.3	37.3	37.3
FeSO₄·7H₂O	27.8	—	27.8	27.8	27.8
Fe₂(SO₄)₃	—	2.5	—	—	
微量有机物					
肌醇	100	—	100	—	100
烟酸	0.5	0.5	1	0.5	5.0
盐酸硫胺素	0.1	0.1	10	1	0.5
盐酸吡哆醇	0.5	0.1	1	0.5	0.5
甘氨酸	2.0	3.0	—	2.0	2.0
叶酸	—	—	—	—	0.5
生物素	—	—	—	—	0.05
其他					
蔗糖	30000	20000	20000	50000	20000
琼脂	10000	8000	10000	10000	8000
pH	5.8	5.6	5.5	5.8	5.5

附录八 植物组织培养常用缩略语

缩写符号	英文名称	中文名称
ABA	abscisic acid	脱落酸
AC	activated charcol	活性炭
BA	6 – benzyladenine	6 – 苄基腺嘌呤
BAP	6 – benzylaminopurine	6 – 苄氨基腺嘌呤
CCC	chlorocholine chloride	矮壮素
CH	casein hydrolysate	水解酪蛋白
CM	coconut milk	椰子汁
2,4 – D	2,4 – dichlorophenoxyacetic acid	2,4 – 二氯苯氧乙酸
DMSO	dimethylsulfoxide	二甲基亚砜
EDTA	ethylenediaminetetraacetate	己二胺四乙酸盐
GA_3	gibberellic acid	赤霉素
IAA	indole – 3 – acetic acid	吲哚乙酸
IBA	indole – 3 – butyric acid	吲哚丁酸
In vitro		离体(体外)
In vivo		活体(体内)
KT	kinetin	激动素
LH	lactalbumin hydrolysate	水解乳蛋白
ME	malt extract	麦芽浸出物
NAA	a – naphthaleneacetic acid	萘乙酸
NOA	naphthoxyacetic acid	萘氧乙酸
PEG	polyethylene glycol	聚乙二醇
PVP	polyvinylpyrrolidone	聚乙烯吡咯烷酮
TIBA	2,3,5 – triiodobenzoic acid	三碘苯甲酸
PP_{333}(MET)	paclobutrazol(Multiple – effect riazole)	氯丁唑(多效唑)
UV	ultraviolet(light)	紫外光
VB_6	Vitamin B_6	盐酸吡哆素
VB_1	Vitamin B_1	盐酸硫胺素
VC	Vitamin C	抗坏血酸
Vpp	Vitamin PP	烟酸
VBc	Vitamin Bc	叶酸
YE	yeast extract	酵母浸提物
ZT	zeatin	玉米素

附录九　分光光度计的使用

使用各种型号的分光光度计应注意:①使用前需检查仪器的安全性能(电源线接线应牢固,接地应良好,电源电压与仪器要求电压相符合)、检查各操作旋钮的功能和起始位置是否正确;②正确选择比色皿,测量波长在可见光范围应选用玻璃比色皿,测量波长为紫外光必须选用石英比色皿;③每台仪器上配套的比色皿,应配套使用,不能与其他仪器上的比色皿单个调换使用。下面介绍三种型号的分光光度计的操作方法:

Ⅰ.721 型分光光度计的使用

721 型分光光度计是可见光分光光度计,波长范围为 420~720nm。

1. 打开试样室盖,打开电源,预热仪器 20 分钟。

2. 灵敏度旋钮置于"1"档,选择测定用的波长,通过调"0"旋钮使指针处于"0"位置,盖上试样室盖,调透光度的旋钮,使指针处于"100"位置,重复几次。放大器灵敏度旋钮共有 5 档,选择原则是保证空白档能良好地调到"100"的情况下,尽可能地采用较低的档,以保证仪器的稳定性。

3. 将参比液(空白液)装入比色皿中(比色皿光径通常选用 1cm)。放入比色皿槽架的第一格,再将待测液装入其他比色皿中,依次放入比色皿槽架中,盖上试样室盖。将参比液置于光路中,旋转"100%"旋钮使指针指向"100",即参比液透光度为 100%,拉动比色皿槽架,读取待测液的透光度或吸光度(光密度)。

Ⅱ.722 型分光光度计的使用

722 型分光光度计是数字显示可见光分光光度计,波长范围为 330~800nm。

1. 打开电源,将灵敏度旋钮调置"1"档,选择开关置于"T",选择测量波长,预热仪器 20min。

2. 打开试样室盖,调节"0"旋钮,使读数为"00.0"。将参比液放入比色皿槽架的第一格,待测液装入其他比色皿中,依次放入样品室,盖上试样室盖。将参比液置于光路中,调"100%"旋钮至读数显示 100.0。重复调整"0"和"100%"3 次。

3. 吸光度(A)的测量,选择开关置于"A",将参比液移入光路,调节消光度旋钮,使读数显示为".000"(示参比液吸光度为 0),然后将待测样品移入光路,显示值即为待测样品的吸光度。

4. 如果大幅度改变测试波长,在调"0"和"100%"后等片刻,稳定后重新调"0"和"100%",然后才能开始测定。

Ⅲ.754 分光光度计的使用

UV-754 分光光度计为紫外-可见光分光光度计,测量的波长为 200~850nm,能自动调"0"和"100",具有高准确度的浓度回归运算程序,能对实验数据进行实时记录与处理。

1. 打开电源开关前,检查试样室是否放置遮光物,试样槽置参考位置。

2. 打开电源开关,根据待测试样的波长,选择不同的光源(如果工作波长在 200~360nm 时,需按氕灯触发按钮)。此时,显示器显示为"754"后,读数为"100",表示仪器已通过自动检测。仪器进入"0%~100%""连续""自动"状态。

3. 预热 30min 后可开始测定。

4. 放入装有参比液的比色皿并置于光路中,选择测定波长(注意根据测定波长正确选用比色皿)。

5. 按 A/C 键,确定测定吸光度(A)或浓度(C),按 T 键设定测定透过率,显示"0.00"(A)、"100.0"(T)或 C。

6. 拉动试样槽置样品于光路中,读取或打印测定值。

7. 如果大幅度调节波长,需等待数分钟,才能正常工作,因此时光能量变化急剧,光电管响应缓慢,需要一段响应平衡时间。

8. 如果记录样品号超过 99 号,可复位至 00 后继续记录。